高等教育美术专业与艺术设计专业"十二五"规划教材

室内设计手绘效果图表现

SHINEI SHEJI SHOUHUI XIAOGUOTU BIAOXIAN

方强华 著

西南交通大学出版社

·成都·

内 容 介 绍

本书在编写过程中，充分结合现在的设计市场需要，将钢笔淡彩表现技法作为全书的核心内容。书中用较大的篇幅对钢笔淡彩的各类技法进行全面详尽的阐述，让读者能对当前较为常见且普及率较高的表现工具有较为全面的了解，并在相应篇章的指导下循序渐进地进行学习。

图书在版编目（CIP）数据

室内设计手绘效果图表现 / 方强华著 . —成都：西南交通大学出版社，2015.5

ISBN 978-7-5643-3894-7

Ⅰ．①室… Ⅱ．①方… Ⅲ．①室内装饰设计—建筑构图—绘画技法—高等学校—教材 Ⅳ．① TU204

中国版本图书馆 CIP 数据核字（2015）第 096690 号

室内设计手绘效果图表现

方强华　著

责任编辑　　杨　勇

封面设计　　姜宜彪

出版发行　　西南交通大学出版社

　　　　　　（四川省成都市金牛区交大路 146 号）

电　　话　　028-87600564　　028-87600533

邮政编码　　610031

网　　址　　http://www.xnjdcbs.com

印　　刷　　河北鸿祥印刷有限公司

成品尺寸　　185 mm × 260 mm

印　　张　　9

字　　数　　161 千字

版　　次　　2015 年 5 月第 1 版

印　　次　　2016 年 5 月第 1 次

书　　号　　ISBN 978-7-5643-3894-7

定　　价　　48.50 元

　　方强华，江西师范大学美术学院讲师，长期从事环境艺术设计专业的教学、研究工作。现为江西师范大学"十佳百优"教师，江西师范大学美术学院教学管理部主任，环境设计系副主任，江西省美术家协会会员。曾先后在《装饰》、《江西社会科学》、《包装工程》及《中国美术教育》等学术期刊发表论文及作品多篇，获得国家级、省级各类专业设计大赛奖项多次，教学同时主持完成及参与多项园林景观设计项目、室内设计项目。

前　言

　　手绘是设计师灵感迸发的表现，是心灵智慧的一种触动。设计手绘效果图在现代设计界正日益受到设计师的重视和青睐。相比于电脑效果图，手绘所用的工具和材料的选择余地较大，而且表现手法灵活多样，风格效果也不相同。设计师通过手绘能够淋漓尽致地展现出所要表达的设计意图与独具的个性特质。

　　对于当今设计师来说，手绘似乎退出了历史舞台，取而代之的是电脑软件设计。但现实告诉我们，一个优秀的室内设计师，必须具有深厚的手绘功底，设计灵感涌现时，能快速捕捉到它并表现出来；接到一个室内设计案例时，能第一时间将设计意图表现在图纸上；谈客户时，能及时对其提出的不同意见进行修改，并赢得客户的信任等：这些方面都显示出手绘的重要性。

　　本书在编写过程中，充分结合现在的设计市场需要，将钢笔淡彩表现技法作为全书的核心内容。书中用较大的篇幅对钢笔淡彩的各类技法进行了全面详尽的阐述，让读者能对当前较为常见且普及率较高的表现工具有较为全面的了解，并在相应篇章的指导下循序渐进地进行学习。书中还开辟出专门的章节，将作者在手绘教学中发现的各类常见问题进行收集、归纳、整理并分类举例，分析问题产生的原因并提供可行的修改方案，通过正反两方面的对比给读者提供最为直观的参考与指导。这也为自学者在学习过程中进行自查提供了便利。

　　由于时间仓促及编写水平所限，书中难免存在疏漏及不足之处，敬请读者批评指正。

编者

2015 年 2 月

目　录

第 1 章　基本概念与理论

1.1　设计表现技法的概念及意义

　　手绘效果图表现技法是指设计者通过运用一定的绘画工具和表现方法，来构思主题、表达设计意图的一种创作方法。它被广泛运用于室内设计、展示设计、建筑设计、工业设计等艺术设计领域。

　　手绘效果图记录设计者思维活动、艺术构想的过程，既能体现设计者的创作思想，又能表现出实际造型的效果，有很强的实用性、科学性以及一定的艺术性。

　　我们从图 1-1-1、图 1-1-2 中可以看出：手绘图和电脑图都用于展示设计师创造理念的语言，但两者又各有不同。在艺术特点上，电脑效果图真实准确；手绘效果图生动概括。在表现速度及特点上，电脑效果图表现较慢，易于反复修改，适于做设计创意的后期定稿，但是不适于制作空间较大，比较复杂的设计。因为这对电脑配置的要求较高，且花费时间较多；而手绘效果图速度快，它既适于勾画设计草案，又可作正式的方案投标。由此可见，电脑效果图的特点是：真实、准确、速度较慢，易于反复修改，但不适于创意。手绘效果图的特点是：生动、概括、速度较快、不易于反复修改，但适于创意。

图 1-1-1　手绘图示例

图 1—1—2 电脑图示例

因此，手绘效果图最大的优势在于其能够激发设计师的灵感，并且能够充当设计师的语言，展现设计师的才气与创意。它常被认为是设计师的基本功之一。此外，手绘效果图是设计师多年艺术修养的体现，具有较高的艺术欣赏价值。

1.2 设计表现技法学习方法与步骤

设计表现技法是一门多学科综合运用的课程，该课程的学习不仅需要具备良好的美学基础和扎实的绘画能力，了解形式美的基本法则，具备一定的标准制图能力，还需要掌握市场前沿动态，时刻引领设计表现新潮流，与时俱进。

该课程属于实践性较强的课程，仅依据基本理论、技法要领进行一般性的练习是不够的，表现技能的提高并不能在短期内实现。

如果想得心应手地把设计作品完整、自信地表达出来，需要做到"三勤"：眼勤、手勤、脑勤。

（1）眼勤。"勤学者不如好学者，好学者不如乐学者"，干一行要爱一行，做设计也一样。要养成多观察身边点滴事物的习惯，如在逛街时可以留心参观风格独特的建筑装饰表现方法，逛公园时可以注意观察其景观布局特点等。看得多了，设计水平及表现手段自然就会得到提高。（2）手勤。徒手勾画、记录、速写是最有效的学习方法。随手随时地记录观察结果，比如某商场的装修风格、某餐厅的装饰特点等。这样不仅能加深对实地现场资料的感性认识，还可以作为以后的设计资料备用。（3）脑勤。多思考、多比较、多用脑，在创作的过程中要多总结经验，不断提高表现能力。在学习的过程中，用眼记录所想，用脑记录所悟，使自己的眼、手、脑得到同步训练，这样才能得心应手，全面提高自身设计水平。

要想学好设计表现技法，应遵循以下几个步骤进行学习：

第一步：读画。根据所学的基本知识，如透视理论、表现技法、各种材质的表现等来进行读画。对一些经典范例及用笔方法，在临摹前要多读、多看、多揣摩。通过"读"去了解原画的特点，做到领悟于心，提高眼力。

第二步：摹画。仔细体会每一笔的运笔，领悟其中的用笔方法和技巧，但不可看一笔画一笔，要把握空间的整体紧凑性。

学习手绘效果图，临摹是一个很有用的技巧。通过临摹别人成熟的作品，可以感受作者使用的笔触和用色技巧，并且这种感觉会逐渐在自己的心中形成。在临摹初期，对作品的形和体积感一根线一根线地模仿，可能会比较费力，但是，随着时间的积累，会变得熟悉和轻松。慢慢地就会潜移默化地掌握作者的技法和用色了。

初学手绘效果图，在下笔前总有一种茫然不知所措的感觉。经过一段时间的临摹，吸收与掌握有价值的技法，训练自己的分析能力和动手能力，同时，也是为了逐步掌握绘图工具，以达到熟能生巧的目的。初学者在临摹时要尽量去体会作品中家具、沙发、地面和顶棚墙面的表现笔势和用色。如图 1-2-1、图 1-2-2，学生在临摹优秀的手绘作品。

图 1-2-1　手绘

图 1-2-2　手绘训练

第三步：仿效优秀作品的阶段。临摹之后要做的就是仿效，它是指用别人的笔势和色彩风格来作自己的画。这是一个很有挑战性的练习。首先，通过观察临摹自己所喜欢的作品来熟悉作者的笔势和色彩风格。要注意线条的种类有哪些、色彩是如何运用的、作画的工具有哪些、哪些地方要严谨一些、哪些地方要放开一些，等等。思考该如何处理每一笔，在仿效中，暂时忘记"自我"，穿上别人的鞋，由着它作决定。

把自己通过临摹学习到的技法和具有参考价值的东西运用到所绘制的效果图中。即使还残留着别人的痕迹，但这已经是从演习向实战过渡了。有的人担心在临摹和仿效中会失去自我，"我害怕当我画得像别人的时候，我就找不回自己了"，其实，这种担心是多余的，不管怎样，模仿中总有自己的一些东西。

第四步：背临。将临摹的样本熟练掌握后，就可以背临，背临时要做到少而精，对画的形和神要把握准确。

以上是学习本次课程的四个阶段。接下来则为应用，即脱离范画，运用前一阶段所学的技能塑造空间。在这个阶段，我们可以根据某个家装方案的设计意图或作业课题等进行创意表现。在表现过程中，要注意设计构思及绘画技法有效地运用，把家装设计意图快速、完美地表现出来，这就成为我们带有个人风格和一定水平的快速手绘效果图。这一阶段是整个教学的难点，在此阶段中，教师也可以给学生一些平面图，让学生学会如何选择最佳视角，独立描绘空间。当我们经过临摹和仿效，对快速徒手画的线条和用色都掌握得比较熟练了，就可以自己尝试进行创作。

1.3 表现技法工具与材料

1.3.1 工具分类

手绘效果图的表现方式有很多种，按具体使用的工具不同可分为：水彩表现、水粉表现、彩色铅笔表现、马克笔表现、综合技法表现等（如图 1-3-1）。每种表现方法都各有特点，如：水彩表现干净、透明、留白为主，光感好；水粉表现厚重、凝重、质感强；彩色铅笔表现虽有些粉气，但易于控制；综合技法表现则不拘于工具，采多种工具之长，综合使用来表现空间的质感和气氛。

图 1-3-1 常用的上色工具、马克笔、彩色笔、彩粉笔

我们在本次课程中主要以学习马克笔表现方式为主。在下面的章节中会对以上各种表现技法作详细的介绍。

1.3.2 手绘效果图

一种是直尺求透视，用墨笔勾线；另一种是徒手勾画，抛弃直尺，直接用墨笔勾线。两者相比较，前者是后者的基础，后者是前者的升华。前者准确，较易掌握，但花费时间较多；后者省时、快捷，但需要较长时间培养三维立体思维能力。我们对学生的要求是首先以直尺画线，在这种表现技法的基础上多加练习，日久之后便可尝试抛弃直尺而徒手勾图了。

1.3.3　所需工具

画板、丁字尺、三角板、比例尺、铅笔、橡皮、勾线笔（一般黑色墨水笔即可，无需使用针管笔，因其笔尖易损坏，并且线条变化不够丰富）、马克笔若干（油性马克笔）、彩铅（24色或36色）、纸、图钉（如图1-3-2）。

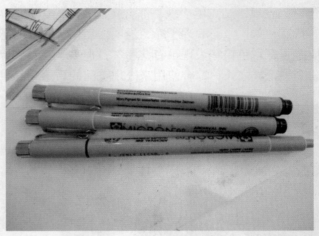

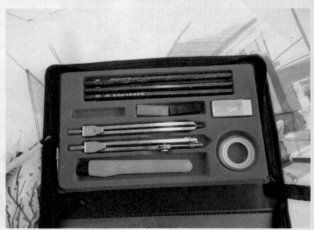

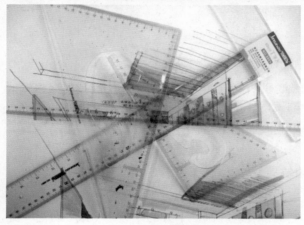

图1-3-2 工具

1.3.4 其他辅助工具

色粉笔、金银油笔、毛笔、板刷、直尺、蛇尺（云尺、弧形尺）、圆形模版、椭圆模版、调色板、盛水工具、画板、修改液、水溶胶带或乳胶。

1.4 手绘效果图与素描、色彩、速写的关系

手绘效果图是绘画的一种形式，而素描、色彩是绘画的基础，速写是素描的提炼和升华。那么它们之间有什么不同点呢？本节给大家作一下比较。

1.4.1 构图

1. 正负形的关系

构图是绘画的基础。在勾画素描稿时，首先是学习构图。构图的形式不同，画面的感受也就不同。在西方油画中构图多为满铺，整个篇幅为一个大的画面，无留白，画面具有较强的张力和视觉冲击力，仿佛呼之欲出。但在手绘效果图中

应留有余白，也就是讲有负形的美感（如图1-4-1）。

图1-4-1 学生临摹

在一幅画面中主要形体为正、为实，空白处为负、为虚。正形画面讲求取舍，负形画面讲究动势，两者相辅相成、虚实相应，使画面交相辉映。这一点犹如中国绘画中所讲究的意境，负形以无胜有，给人留有足够的遐想空间，并且很好地把人的注意力集中到画面的中心，直击重点。

2. 地平线的位置

地平线为效果图中地面所在的位置。如图中的黑线处（如图1-4-2），地平线为一条直线，它的位置应在画面下方的三分之一或四分之一处。因为此时的构图，地面平稳下沉，画面上部留白较多，不会使空间有压抑之感。反之，如果地平线在中部，则会显得过于对称，失去动势。地平线偏上，则上紧下散，画面过于压抑。

图中黑线处为地平线位置

图1-4-2 图中的黑线为室内地平线

3. 对称的均衡

每一种东西都存在自身的平衡，一张白纸是均衡的、平衡的，如果你在左边、右边或中间点上一点或画一条线，都打破了这张纸的平衡。你要依据这个点或线在这张纸上找出相应的平衡。如图1-4-3，在左上角画两条交叉的直线，这两条线就打破了原来白纸的平衡感，让人感到头重脚轻，为了让画面保持平衡我们在右下角又画了相同的交叉线（如图1-4-4），这样看上去均衡多了，也稳固了很多。

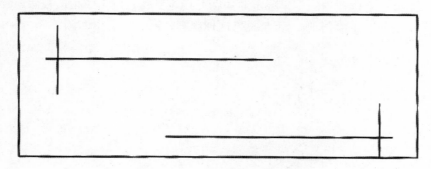

图1-4-3　均衡的构图

图1-4-4　不均衡的构图

1.4.2　形体的表现

效果图表现的是空间内不同的形体的组合。形体表现的好坏，是衡量一幅效果图的标准之一。表现形体时应注意以下几点。

1. 结构

每个物体都有自己特殊的结构。如果想要较为写实地表现一个物体，那么了解此物体的结构就是绘画的前提。每一个部位是怎样穿插的，谁在前、谁在后，当一个物体旋转一个角度后又会出现怎样的形态，这些都应心知肚明，刻画时方能取舍得当、举一反三。

2. 透视

只知道一个物体的结构是不够的，因为我们在做设计方案时并不像写生那样有实物摆放在眼前，而是把想象的空间描绘出来，所以还必须知道物体在空间中变化的规律，即透视。

如图 1-4-5：用两个消失点 V_1、V_2 的距离作为直径画圆形。越近于圆中心的，越看得自然，越远的越不自然，离开圆形，位于外侧的，使人看不出它是正方形和正六面体。平行透视法尽量限定对象物并设定其相近 V。成角透视法，要把对象纳入 V_1、V_2 的内侧来画，若要脱离这种规则，需要作若干的调整。

图 1-4-5　透视规律图

我们在室内设计中常用的透视：一点透视、两点透视及一点斜透视。这些透视的规律将在下一章节作更加深入的探讨。在基本的透视练习中，我们会发现，在画面中距离我们越近的物体发生变形越明显。这是因为人的眼睛并非以一个消失点或两个消失点去看东西。有的时候没有消失点，有的时候却要借用很多消失点。这和照相机的光镜一样，焦点调整法有时会使前面东西模糊不清，应该看到的东西却变成盲点。绘画和电影则是进行调整，把视觉上的特征有效地表现出来。在表现透视时也应作适当的调整，否则就会出现失真现象。针对这一特点，如果严格地按照透视规律作画，就会让人看得别扭，物体在画面中出现失真的现象。所以，我们有时要进行调整，把符合人视觉规律的物体特征表现出来。

3. 比例

物体存在一定比例关系，当物体单独出现时，每个部位的比例都会影响物体的形态；当刻画成组的物体时，物体的比例会影响整个空间的大小，所以掌握物体的比例是非常重要的。复习一下《人体工程学》的基本数据，尤其是要掌握家居空间中常用的家具比例尺寸，以便准确把握比例。

4. 物体的光影关系

刻画物体并不是单纯地刻画物体的轮廓，还要刻画物体的光影关系。光从哪来又到哪去、对物体的影响怎样、对周围的环境影响怎样，这些都是刻画物体的重要因素。物体有了光就有了形、有了神。如果单独的只是表现物体的轮廓，而没有光的存在，那么形体只是平板的、不生动的。

当然我们画的不是全因素素描，而是简化地、抽象地表现光的存在。例如，我们可以用线的虚实、轻重、快慢去表现背光和逆光的效果，或是在明暗交界处、物体的根部加以少量的调子来强调或调整，或是利用物体离光源的远近来确定刻画的强弱次序，如图1-4-6至图1-4-8所示。

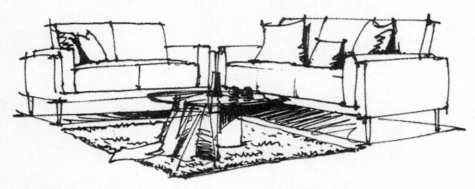

图1-4-6 物体与光影效果图

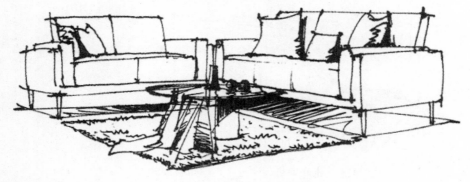

图1-4-7 物体与光影效果图

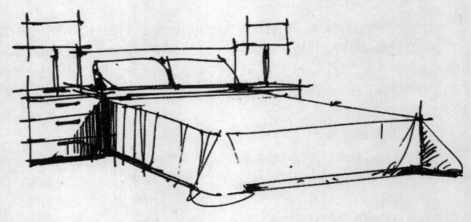

图 1-4-8 光影效果

设计训练：表现工具与材料练习

（1）参照书中范图和资料做不同的效果练习，进而熟悉表现工具与材料。

（2）根据物体的比例尺寸，在 A4 复印纸上简单画出基本家具的形体结构。绘制过程中注意光影的变化及形体的穿插关系等（如图 1-4-9）。

图 1-4-9 客厅空间，主要家具绘制

1.5 室内设计的风格

风格体现创作中的艺术特色和个性：流派指学术、文艺方面的差别。室内设计的风格和流派往往是和建筑以至家具的风格和流派紧密结合，有时也以相应时期的绘画、造型艺术，甚至文学、音乐等的风格和流派为其渊源和相互影响。

室内设计风格的形成，是不同的时代思潮和地区特点，通过创作构思和表现，逐渐发展成为具有代表性的室内设计形式。一种典型风格的形成，通常是和当地的人文因素和自然条件密切相关，又需有创作中的构思和造型的特点。风格虽然表现于形式，但风格具有艺术、文化、社会发展等深刻的内涵，从这一深层含义来说，风格又不停留或等同于形式，一种风格或流派一旦形成，它又能积极或消极地转而影响文化、艺术以及诸多的社会因素。

室内设计最常见的风格主要有传统风格、现代风格、后现代风格以及其他一些风格。

1.5.1 传统风格

传统风格的室内设计，是在室内布置、线形、色调以及家具、陈设的造型等方面，吸取传统装饰"形""神"的特征。传统风格常给人们以历史延续和地域文脉的感受，它使室内环境突出了民族文化渊源的形象特征。

1.5.2 现代风格

现代风格起源于 1919 年德国成立的包豪斯学派，该学派处于当时的历史背景，强调突破旧传统，创造新建筑，重视功能和空间组织，注意发挥结构构成本身的形式美，造型简洁，反对多余装饰，崇尚合理的构成工艺，尊重材料的性能，讲究材料自身的质地和色彩的配置效果，发展了非传统的以功能布局为依据的不对称的构图手法。包豪斯学派重视实际的工艺制作操作，强调设计与工业生产的联系。现在广义的现代风格也可泛指造型简洁新颖，具有当今时代感的建筑形象和室内环境。

1.5.3 后现代风格

后现代风格强调建筑及室内装潢应具有历史的延续性，但又不拘泥于传统的逻辑思维方式，探索创新造型手法，讲究人情味，常在室内设置夸张、变形的柱式和断裂的拱券，或把古典构件的抽象形式以新的手法组合在一起，即采用非传统的混合、叠加、错位、裂变等手法和象征、隐喻等手段，以期创造一种融感性与理性，集传统与现代、糅大众与行家于一体的即"亦此亦彼"的建筑形象与室内环境。

1.5.4 其他风格

除了之前几种之外，还有很多其他风格在室内设计中与之并行。如自然风格倡导"回归自然"，美学上推崇"自然美"，认为只有崇尚自然、结合自然，才能在当今高科技、高节奏的社会生活中，使人们能取得生理和心理的平衡；田园风格在室内环境中力求表现悠闲、舒畅、自然的田园生活情趣，也常运用天然木、石、藤、竹等材质质朴的纹理，巧于设置室内绿化，创造自然、简朴、高雅的氛围；混合型风格有既趋于现代实用，又吸取传统的特征，在装潢与陈设中融古今中西于一体；新现代主义风格又称新包豪斯主义，具有现代主义严谨的功能主义和考虑结构构成等理性因素，又具有设计师个人表现和象征性风格的特点。

1.6 室内设计的流派

流派，这里是指室内设计的艺术派别。现代室内设计从所表现的艺术特点分析，也有多种流派，主要有：高技派、光亮派、白色派、新洛可可派、风格派、超现实派、解构主义派以及装饰艺术派等。

1.6.1 高技派或称重技派

高技派或称重技派，突出当代工业技术成就，并在建筑形体和室内环境设计中加以炫耀，崇尚"机械美"，在室内暴露梁板、网架等结构构件以及风管、线缆等各种设备和管道，强调工艺技术与时代感。

1.6.2 光亮派

光亮派也称银色派，室内设计中夸耀新型材料及现代加工工艺的精密细致及光亮效果，往往在室内大量采用镜面及平曲面玻璃、不锈钢、磨光的花岗石和大理石等作为装饰面材，在室内环境的照明方面，常使用投射、折射等各类新型光源和灯具，在金属和镜面材料的烘托下，形成光彩照人、绚丽夺目的室内环境。

1.6.3 白色派

白色派的室内朴实无华，室内各界面以至家具等常以白色为基调，简洁明朗，从某种意义上讲，室内环境只是一种活动场所的"背景"，从而在装饰造型和用色上不作过多渲染。

1.6.4 新洛可可派

洛可可原为18世纪盛行于欧洲宫廷的一种建筑装饰风格，以精细轻巧和繁复的装饰为特征，新洛可可仰承了洛可可繁复的装饰特点，但装饰造型的"载体"和加工技术却运用现代新型装饰材料和现代工艺手段，从而具有华丽而略显浪漫，传统中仍不失有时代气息的装饰氛围。

1.6.5　风格派

风格派起始于 20 世纪 20 年代的荷兰,强调"纯造型的表现","要从传统及个性崇拜的约束下解放艺术"。风格派认为"把生活环境抽象化,这对人们的生活就是一种真实。他们对室内装饰和家具经常采用几何形体以及红、黄、青三原色,间或以黑、灰、白等色彩相配置。风格派的室内,在色彩及造型方面都具有极为鲜明的特征与个性。建筑与室内常以几何方块为基础,对建筑室内外空间采用内部空间与外部空间穿插统一构成为一体的手法,并以屋顶、墙面的凹凸和强烈的色彩对块体进行强调。

1.6.6　超现实派

超现实派追求所谓超越现实的艺术效果,在室内布置中常采用异常的空间组织,曲面或具有流动弧形线型的界面,浓重的色彩,变幻莫测的光影,造型奇特的家具与设备,有时还以现代绘画或雕塑来烘托超现实的室内环境气氛。超现实派的室内环境较为适应具有视觉形象特殊要求的某些展示或娱乐的室内空间。

1.6.7　解构主义派

解构主义是 20 世纪 60 年代,以法国哲学家 J·德里达(J. Derrida)为代表所提出的哲学观念,是对 20 世纪前期欧美盛行的结构主义和理论思想传统的质疑和批判,建筑和室内设计中的解构主义派对传统古典、构图规律等均采取否定的态度,强调不受历史文化和传统理性的约束,是一种构成解体,突破传统形式构图,用材粗放的流派。

1.6.8　装饰艺术派或称艺术装饰派

装饰艺术派起源于 20 世纪 20 年代法国巴黎召开的一次装饰艺术与现代工业国际博览会,后传至美国等各地,装饰艺术派善于运用多层次的几何线型及图案,重点装饰于建筑内外门窗线脚、檐口及建筑腰线、顶角线等部位。

1.7　效果图基本原则与学习方法

1.7.1　基本原则

效果图与绘画作品的根本区别在于,效果图要满足人们对于使用功能的要求,更具有客观实用性,而绘画对于欣赏性、艺术性、装饰性有更高的要求。

随着时代的发展,社会的进步,人们对使用功能有了更高的要求。效果图的表现从最初的简单描绘,发展到了日益普及的电脑绘画表现。而现代各种表现技法的完善，也使效果图的表现得到了充分的发展和提高。

无论效果图的表现形式如何变化，手段和技术如何演进，设计方案的反映和传达都需要遵循如下四个基本原则：实用性、科学性、艺术性和超前性。

1. 实用性

效果图以准确真实地反映设计作品效果为首要前提，为了便于后期的施工与应用，它具有很强的实用性和独特的专业特点。

建筑装饰设计表现效果图要对建筑结构、空间造型、材料色彩等因素进行翔实表现，以利于后期的施工制作。

景观设计表现则要做到设计意图表达准确，功能分布与构造特点表现明确，环境气氛表现充分。

2. 科学性

效果图的表现要遵循一定的科学性，严谨地按照透视关系和制图标准起稿，对光影和色彩的处理要依据色彩学理论来操作，在实用功能上要按人体工程学的理论来表现，并要像科学家对待科学研究一样认真操作。

建筑表现中的结构的稳定性和家具陈设的水平性，还有前后空间及光线的矛盾性，也应该遵循科学规律去表现。

在环境、景观表现中，对于城市道路、绿化方式、建筑排列等，都应科学地布局，不能违背设计规律。

3. 艺术性

效果图中，成熟的技巧、动感的线条、完美的构图、精美的画面能为设计平添不少风采，增加艺术感染力。

在表现过程中，效果图既要如实反映，又要合理地适度夸张、概括与取舍，运用素描色彩关系和构图美学原理来营造画面气氛，增强艺术表现效果。

表现形式所体现出的艺术性的高低，取决于设计者本人的艺术涵养的高低，所以要注重自身的美术绘画基本功的训练，以充分展示个性，再将其融入到设计作品当中。同时，设计者还要不断提高自己的审美意识。

4. 超前性

效果图表现的是当前尚未建造的场景效果，其基本目的是在装饰施工之前，预先将工程完成后的空间形象直观地展现在人们眼前，让观者能对设计师所想所做形成直观的概念。因此,手绘效果图与一般绘画作品和造型艺术作品相比,更具有超前性和创造性,且需要与今后完成的效果相符。因此,从这一点来说,手绘效果图也可以被认为是真实空间效果的预览。人们可以从中获得他们想要的信息和内容,也可以对设计的优劣做出评判,指导设计师对今后方案的修改和完善。

1.7.2 学习方法

效果图表现是一门多学科综合运用的课程。本课程的学习不仅需要具备良好的美学基础和扎实的绘画能力,了解形式美的基本法则,具备一定的标准制图能力,还需要掌握市场前沿动态,时刻引领设计表现新潮流,与时俱进。

1. 素描

手绘效果图表现图的线稿描绘阶段需运用到素描的表现技法。素描是手绘效果图的造型基础,着重解决物体形态的表现和场景空间的塑造问题。扎实的素描基本训练,有助于设计师培养造型意识,解决如何去立体地表现空间、形态以及家具陈设等基本问题。在此基础上,设计师可以运用素描中的构图原理及画面处理手法有效地美化画面,让画面呈现出形式美感和空间感。因此,素描的基本原理可以用于解决手绘效果图中形式的表现问题。通过素描的训练,既有助于初学者准确地塑造画面空间感和体积感,也能为观者提供良好的观看角度,便于其对设计的空间效果做出评判。

2. 色彩

手绘效果图在着色阶段需要运用到色彩的基本原理和表现技法。色彩的合理运用是手绘表现图呈现出真实感的另一重要因素。缺少素描基础便缺乏了塑造立体空间形态的能力,缺少色彩基础便丧失了让空间充满活力的要素。通过色彩表现的训练,可以培养设计师组合搭配各种颜色的能力,训练的方法包括同类色的组合,对比色的组合等。这样的训练让设计师能够利用色彩学原理,较为准确地表现出空间中的固有色、环境色及光源色等,也能有意识地组织好画面的色调,在色彩组合上达到和谐与雅致。设计师也需要通过色彩表现物体间的空间关系,包括空间中的前后关系、上下关系、主次关系等。因此,色彩不仅增强了场景的真实感,也能更有效地为画面增添气氛。

3. 透视和工程制图

透视和工程制图也是绘制手绘效果图必备的专业基础。

透视是造就空间真实感的重要因素,它直接影响到整个空间的比例尺寸及纵深感。了解并科学地运用透视学原理,能够为空间的真实表现打下坚实的基础,也能够为设计师在绘图中掌握空间尺寸和观赏角度的变化提供科学的依据。在手绘效果图中常用到的是一点透视（平行透视）和两点透视（成角透视）。一点透视能较为全面地体现整体效果，多用于表现较大的空间场景；两点透视多用于表现局部空间，可以使空间效果灵活生动并富有趣味性。

工程制图主要用于解决空间中各界面的尺寸问题，它所要反映的是物体的真实尺寸。和透视学原理相对应，它是设计师在平面上研究尺度的重要参考依据，也是透视在真实环境中的绝对尺度参考。工程制图的训练也有助于设计师空间尺度感的培养，为室内效果图表现建立基础。

透视和工程制图的能力的培养对设计师而言必不可少，它们也是影响手绘效果图表达严谨性的重要因素。

1.8　效果图的发展

追溯手绘效果图的发展历史，我们可以发现，虽然在中外美术史上没有"效果图"这一独立的绘画种类，但从绘画的形式诞生以来，以建筑及建筑环境为表现题材的绘画作品层出不穷，它们与现代手绘效果图的产生和发展有着直接或间接的关系，对手绘效果图这类表现形式也产生了一定的影响。因此，中外历史上的以各类建筑及建筑环境为题材的绘画作品，也可被看作是当代手绘效果图的起源与雏形。

20世纪80年代中期，随着我国经济建设的崛起，建筑行业有了飞跃发展，带动了装修业的兴起和发展。这时，手绘效果图作为唯一的表现形式便应运而生，并成为这一时期建筑装修行业与市场交流的重要手段。

20世纪90年代中期至今，计算机在设计界的普及和运用给设计带来了历史性的变革。因为计算机辅助设计效果图能够真实模拟、再现空间形态，许多设计从业人员热衷于借助这种软件的表现方式，使其一度成为了设计效果图表现技法的主流。相反，手绘表现技法的运用逐渐减少，许多室内设计师对它的重视程度也有所降低。

20世纪末21世纪初，创建园林城市、打造城市环境，成为我国城市建设的主题，人们对自身的生活环境和居住品质提出了更高的要求。这些变化和发展对环境艺术设计和手绘设计效果图的质量标准也提出了更高的要求。与计算机效果图相比，手绘效果图在环境设计中有着更加方便实用的特点。这一特点又激发了人们对设计师手绘效果图的重视，因此手绘效果图表现又焕发出新的生命力。但此时的手绘表现不再以原设计中极富表现的细腻逼真画法为主，而是以方案构思过程中的快速草图画法为主。

第 2 章 透视表现

手绘效果图表现可分为三部分：一线条，二透视，三色彩。线条是"骨"，透视是"形"，色彩是"材质"。没有"形"，只有"骨"和"材质"，空间也是立不住的，所以透视是效果图的"根"。运用透视原理，可以在二维空间的纸上呈现出较为真实的三维效果，使画面的空间感、视觉感与实际场景的整体形象相吻合，给观者以"如见此物，如入此境"的高度真实感。

简单地说，透视图就是观察者透过透明的玻璃物体，将从远处看到的影像描画在玻璃上所得到的图形，是把建筑物的平面、立面或室内的展开图，根据设计图资料，绘成一幅尚未成实体的画面。将三度空间的形体转换成具有立体感的二度空间画面的绘图技法，并能真实地再现设计师的预想。该图形具有"近大远小，近高远低"的视觉效果。准确的透视是绘制效果图的关键，透视的基本比例、尺度和结构关系，应与方案设计内容相一致。确保画面主体形象透视关系的准确性，是对效果图最基本的要求。

对于初学者来说，学习透视的过程是枯燥繁琐的，但只要通过一定时间的强化训练，就会操纵自如了，在这里本教材只介绍一点透视、两点透视和一点斜透视室内透视图的基本求法，如果要细致地研究透视理论，请详看有关透视的专业书籍。

首先我们要了解透视的基本用语（如图 2-0-1）：

（1）站点 S（又称 SP）——画者在地面上位置。

（2）视平线 HL——与画者眼睛同一高度的一条线。

（3）灭点 V（又称 VP）——透视点的终点，灭点即消失点。

（4）基线 GL——地平线。

（5）视点 EP——人眼睛的位置。

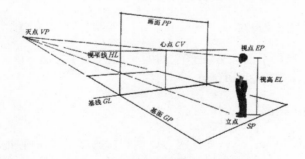

图 2-0-1 透视基本原理及名词解释

2.1 一点透视中站点与视觉透视的关系

以学生坐在教室中看到的效果为例。坐在教室一侧与坐在教室中间的同学看到的透视效果是截然不同的，如图 2-1-1 为站在教室中央，正对着黑板看到的透视效果。

图 2-1-1 教室一点透视

可以得到这样的结论：当观者站在地面上并正对着空间中的墙体时，若人站在地面上并与一个墙面保持平行状态，那么此时人站在地面上任意一点所看到的透视效果都为一点透视。与人呈平行状态的墙面或线条，在效果图中保持原来状态不变。与人成垂直状态的墙面或线条，在透视中都消失于同一消失点。一点透视所表现的空间大，纵深感强，具有稳定的画面效果且绘制较简单。适于表现大场面场景，其空间效果较严谨、周正，所以也适合表现场面严肃、庄重的空间环境。但是一点透视效果缺乏生动感，但可以靠色彩和笔触来调节画面气氛。

2.1.1 一点透视求法

一点透视又叫作平行透视，画法简便易学，主要分为由内（墙）向外（墙）求取和由外（墙）向内（墙）求取两种。前一种画面较自由活泼，后一种较严谨。在本次课程中我们所要学习的是前者，即从内（墙）向外（墙）的画法。

第一步：观察平面尺寸。

画透视前应观察平面尺寸。该空间的平面图尺寸为宽 4 000 mm× 长 5 000 mm 的房间，其高度为 2 700 mm。

第二步：确定构图及比例尺寸。

确定地平线的位置，然后寻找较为适当的比例尺来确定画面正形的大小。通常为了构图紧凑，内墙的比例尺寸都较小（如图 2-1-2）。

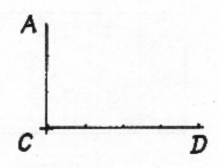

图 2-1-2 确定构图及比例尺寸

确定内墙的大小之后，就可以根据平面的尺寸求出内墙的单位尺寸。如图 2-1-3 所示，*AC* 为房间的高，*CD* 为房间的宽，把 *CD* 线段分为 4 等份，那么每一等份所表现的单位尺寸就为 1m。用此单位尺寸，我们还可以确定房高 *AC* 的长度。

第三步：把内墙 *ABCD* 补充完整，接着画出视平线 *HL*。一般在内墙高度的 1.2m 左右的位置上画出一条水平线，即视平线 *HL*（如图 2-1-4）。若空间尺寸较高时，如商业空间或大堂等场景，视平线应在总高度的 1／3 左右，这样同样可获得上松下稳的透视效果。如图 2-1-5 表现的是视平线过高出现的效果。

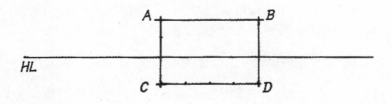

图 2-1-3 平面尺寸

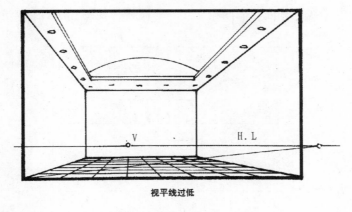

视平线过低

图 2-1-4 构图尺寸

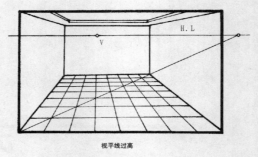

视平线过高

图 2-1-5 尺寸

备注：以往教学中视平线的高度大多定在1.7m左右，以求取人站立时的视角。但这时观看的效果上紧下松，构图关系欠佳，并且地面拉长，进深感不够。视平线降低至1.2m左右，模拟人坐在空间中观看的视角。其优势有如下三点：

①画面下稳上松，地面平短，进深感加剧，且棚顶成仰角状态，无压抑感。

②桌椅等接近 1m 处左右，物体的横错面由于接近视平线，都被缩短或变成一条直线，不用多加刻画，省时、省力。在表现餐厅等桌椅较多的场所尤为适用。

③此时看到的效果多为侧面、明暗交界线分明、易于刻画。在绘画头像时我们都有这样的体会，刻画人头 3／4 面最为容易，而刻画正面较难。因为 3／4 面结构明显，明暗交接线明确。而正面平板，并且多为受光面，结构不明确。画室内效果图也是相同的道理，视平线降低，所见到的物体受光面就会短，明暗对比强烈，结构明确，相当于头像的 3／4 面，而升高视平线所看到的物体受光面就会变大，结构也不明确，相当于头像的正面。

第四步：确定灭点的位置并连接地线。

在线段 ab 上定一点 V，在任何一点都可以。但通常我们把灭点 V 定在偏离中点的位置上，以使画面更富有动势感。

求出灭点 V 之后，分别与内墙面的四个交点进行连线，它们分别是地面和墙面相交线——地线，棚面和墙面相交线——棚线（如图 2-1-6）。

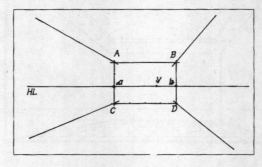

图 2-1-6 确定灭点

第五步：求取空间进深（如图 2-1-7）。

如图，此时的空间已有雏形，但却缺少空间的深度。

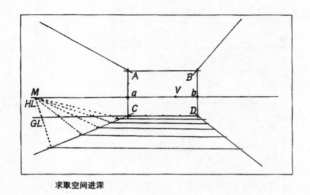

求取空间进深

图 2-1-7　求取空间进深

　　求取空间进深尺寸：把地平线 CD 延长，得到地平线 GL。在延长线上画出实际进深尺寸。在视平线上确定测量点 M，即人的视点。视点应定在与 V 点相对应较远的一方，M 点到 a 点的距离，即表示人眼看到的距离。由 M 点向 GL 上的每个单位尺寸作连线，它的延长线会和地线相交，然后以此点为端点作水平延长线，每条线相距的尺寸就是透视中 lm 的尺寸，而这些水平线就是地格中的纬线。

　　备注：（1）因一点透视中，墙面是矩形状态不变，那么在平面图中与此墙面平行的线条，在透视中也保持水平状态不变。故此，地格中的纬线都是水平线。

　　（2）M 点是测量深度的辅助点，它的位置直接影响到空间的进深，并且只有在求取空间进深时，才会使用到这个点。有时，我们可以根据空间需要，把 M 点定得较近或较远。调整 M 点的位置，求取不同的透视。我们可以发现 M 点相当于人的视点，即人的眼睛的位置。当 Ma 大于空间进深时，地面缩短，相当于人在空间外看到的效果（如图 2-1-8）。当 Ma 小于空间进深时地面拉长，相当于人进入空间中看到的效果（如图 2-1-9）。

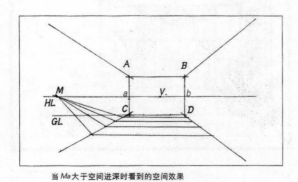

当 Ma 大于空间进深时看到的空间效果

图 2-1-8　当 Ma 大于空间进深时看到的空间效果

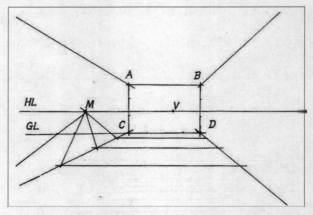

图 2-1-9　当 Ma 小于空间进深时看到的空间效果

（3）此外 *M* 点在画面的左侧或右侧都不会影响整体透视。

灭点 *V* 的位置（如图 2-1-10、图 2-1-11），分别在左、在右对室内透视效果的影响。

图 2-1-10　灭点偏右

图 2-1-11　灭点偏左

第六步：求取透视中的进深（如图 2–1–12）。

将 *V* 点和 *CD* 上各分割点连接，并延长与水平线相交，即得出室内的网格透视基本图形。同理，透视中墙面和棚面的宽度也都是以内墙的单位尺寸为标准量，与消失点作连接线的。

第七步：画墙面和棚面的进深（如图 2–1–13）。

通过地面进深透视与地面的相交点作垂直线，就可以求出墙面进深宽度。同理，由墙面进深宽度与棚线的相交点，作水平线就可求出相应的天格。

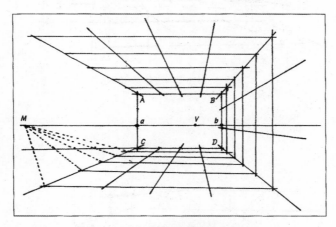

图 2–1–12　画墙面与棚面的进深

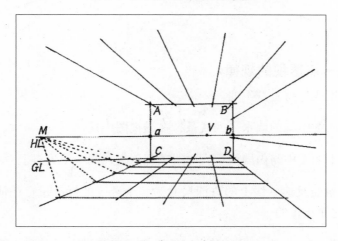

图 2–1–13　求取透视中的进深

第八步：画出室内家具（如图 2–1–14、图 2–1–15）。

AC、*BD* 垂线为真高线，室内所有物体的高度都在 *BD*、*AC* 上量取。所有宽度尺寸在 *CD* 上量取，所有的进深则在 *CD* 的延长线上量取。将室内图形在该空间地面上找出正投影位置，并引出垂线。

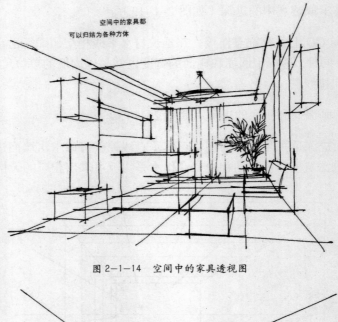

空间中的家具都
可以归结为各种方体

图 2-1-14 空间中的家具透视图

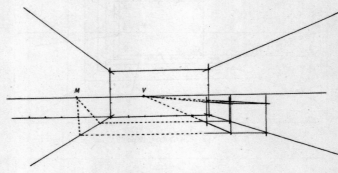

图 2-1-15 透视图

2.1.2 一点透视的规律

（1）高度线保持垂直不变。

（2）平面图中与内墙水平的线条，在透视图中保持不变。

（3）在平面图中与内墙面垂直的线条都消失在同一消失点上。

（4）内墙面及地平线上的进深尺寸为整个透视的标准量；任何透视中的尺寸都是通过它而求得的。

（5）因为棚面与地面相互对应，所以在求取其进深尺寸时，都是先在地面上求出相应的透视线，然后反到墙面或棚面上。

设计训练：

1. 绘制室内透视图

根据所讲的透视图画法，以教室为空间表现对象，作一点透视图。学生自己量尺寸，锻炼量房技能。

绘图要求：用四开图纸绘制，透视准确、线条清晰、图面干净。

2. 卧室平面图

如图 2-1-16 是某卧室的平面图，根据其平面绘制出一点透视线稿图。

要求：使学生掌握一点平行透视的基本原理，并在此基础上逐渐熟练运用线条，同时开始着手训练对室内整体装饰效果的把握。四开图纸绘制，数量 1 张。

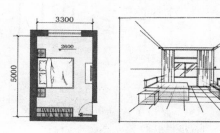

图 2-1-16　卧室平面图

2.2　两点透视

2.2.1　认识两点透视

二点透视，又称作成角透视。在平行透视中假设所有的物体都是平行摆放的，而实际物体与画面常常会成一定的角度，因此运用二点透视就能较准确地表现每一个物体。

我们通过在平面图（如图 2-2-1）中人站的位置，来分析一、两点透视的不同。当人正对着空间中的一个墙面时，此时看到的透视效果为一点透视（如平面图中人站在 A 点的位置看到的视觉效果）。而人正对着一个墙角线时看到的则是两点透视（如图中人站在 B 点时的视觉效果）。这种透视最接近人平时的视觉感受。

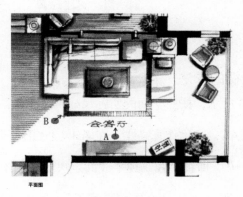

图 2-2-1　平面图

2.2.2　两点透视的特点

画面效果比较自由、活泼，接近人的直观感受。但不易于控制，并且表现的空间界面较少，视野狭小，如图2-2-2所示教室的两点透视；尤其在角度、灭点选择不好时容易产生变形，给人空间内物体下坠的视觉效果。

二点透视

图2-2-2　透视图

2.2.3　两点透视的求法

（1）如图2-2-3所示，按照空间的实际尺寸确定比例。

首先画出墙角线 *AB*，又称作真高线。在 *AB* 上面定出房间的高度。

过 *AB* 作视平线 *HL*，即视平线。视平线的定法同一点（平行）透视。

（2）如图2-2-4所示，过 *B* 点作水平线 *GL*，即地平线，是为了画出房间深度的辅助线段。

在 *HL* 上确定两个灭点 V_1、V_2（一般来说两个灭点到 *A*、*B* 两点角度约 150 度为佳，如果灭点之间相邻较近，容易使画面产生变形）。

连接 V_1A、V_1B、V_2A、V_2B，延长求出墙角线。

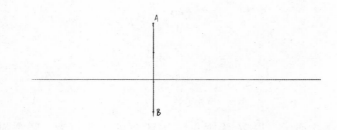

图 2-2-3

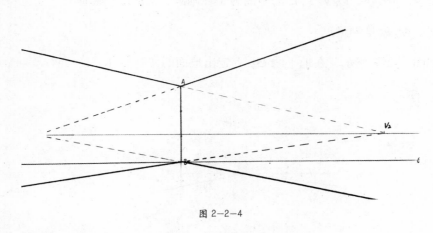

图 2-2-4

（3）如图 2-2-5 所示，找出 V_1V_2 的中点为 *O*。

（4）如图 2-2-6 所示，以 V_1V_2 为直径，*O* 为圆心，画圆的下半部分，在半圆上确定视点 *E* 交 *AB* 延长线。

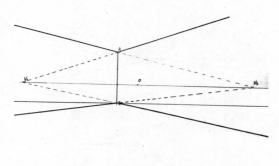

图 2-2-5

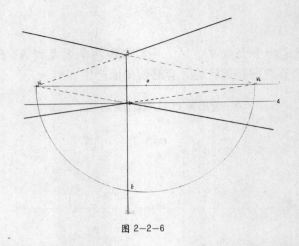

图 2-2-6

（5）如图 2-2-7 所示，以 V_1 为圆心，以 V_1 到 E 的距离为半径画圆，交 HL 上得出 M_2。

以 V_2 为圆心，以 V_2 到 E 的距离为半径画圆，交 HL 于点 M_1。

M_1、M_2 就是测量点。

如图 2-2-8 所示，在地平线 GL 上定出地面的实际尺寸。

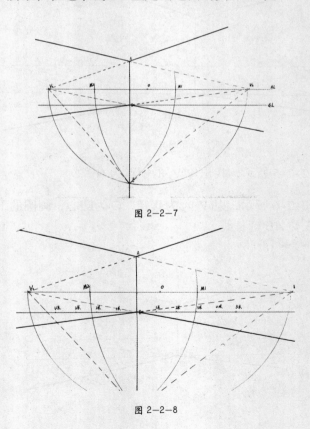

图 2-2-7

图 2-2-8

（7）如图 2-2-9 所示。测量点 M_1 于 GL 上的刻度尺寸相连与地线相交于 a_1、a_2、a_3、a_4 点，测量点 M_2 于 GL 上的刻度尺寸相连与地线相交于 b_1、b_2、b_3、b_4 点。

（8）如图 2-2-10 所示。a_1、a_2、a_3、a_4 与同侧的灭点 V_1 相连并延长，b_1、b_2、b_3、b_4 与同侧的灭点 V_2 相连并延长，即可求出地格。

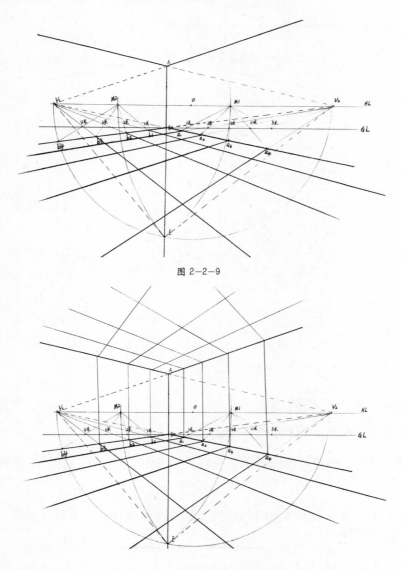

图 2-2-9

图 2-2-10

（9）如图 2-2-11 所示，以地线上 a_1、a_2、a_3、a_4 和 b_1、b_2、b_3、b_4 为端点作垂直线反引至天棚，就可得出天格。

（10）如图 2-2-12 所示。在真高线上定室内物体的高度。相对应的单位尺寸于灭点相连，即可得出墙格的高度。

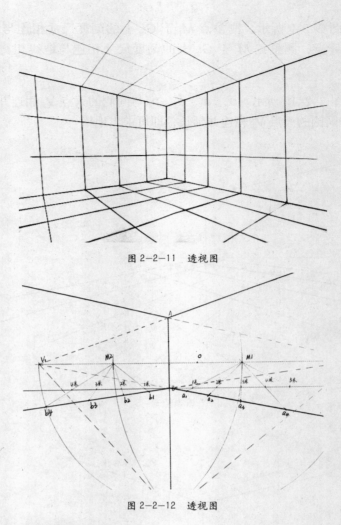

图 2-2-11　透视图

图 2-2-12　透视图

2.2.4　两点透视的特点

（1）两点透视高度保持垂直状态。

（2）两点透视的透视线都消失在两个消失点，并且平行的线条有共同的消失点。

（3）墙角线和地平线上的刻度尺寸都为两点透视的标准量，即所有的透视尺寸都是由此得出的。

（4）测量点 M_1、M_2 是测量进深的辅助点，并非消失点。

设计训练：

（1）图 2-2-13 所示是某卧室的平面图，根据其平面绘制出两点透视线稿图。

（2）绘制室内透视图。

根据所讲的透视图画法，以教室为空间表现对象，作二点透视图。学生自己量尺寸。

　　绘图要求：用四开图纸绘制。透视准确、线条清晰、图面干净。

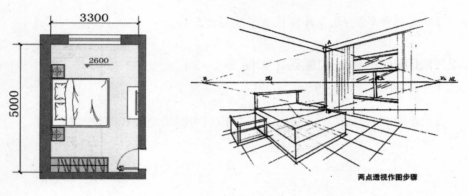

两点透视作图步骤

图 2-2-13

2.3　一点斜透视

　　一点斜透视的画法是建立在一点平行透视的基础上的，优点是能够较大范围地体现空间（能够表现房间的 5 个立面），线条走向生动，所表现的空间效果更加真实。缺点是方法步骤较为繁琐，不易掌握。但是通常理解一点（平行）透视的原理之后，很多步骤是可以省略的。在现有的快速表现图中，设计师最为喜爱和常用的就是一点斜透视。如图 2-3-1 所示为站在房间内看到的一点斜透视的平面示意图。

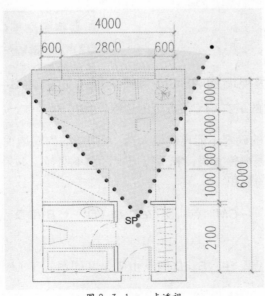

图 2-3-1　一点透视

2.3.1　一点斜透视的方法步骤

1. 确定内墙的位置，方法同一点透视（如图2-3-2）

（1）画 AB'　CD' 为内墙。

（2）确定视平线 HL，并延长地平线 GL。

2. 作出房间的地线和棚线（如图2-3-3）

（1）在 HL 上确定灭点 V（方法同一点透视）。

（2）连接 VA、VB'、VC、VD'，作出房间的地线和棚线。

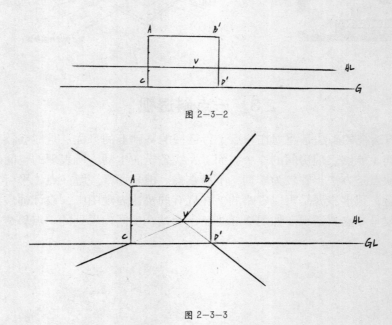

图 2-3-2

图 2-3-3

2.3.2　求出透视墙面 ABCD 为新内墙（如图2-3-4）

（1）在视平线的最右端（接近纸的边缘）作出 M' 点。

注: M' 点位置的确定不能离内墙太近，否则新的内墙透视太大，会产生变形；也不能太远，否则透视感太弱，和平行透视区别不明显。如果画纸不够大，可以通过叠纸来增大纸的面积。

（2）连接 AM'、CM' 点，交 VB' 和 VD' 于 B 和 D 点。M' 即是内墙的消失点。

（3）连接 BD 点。注：B、D 两点由于是共同消失于 M' 点，那么连接 BD 便是垂直线。

（4）ABCD 为新的内墙。

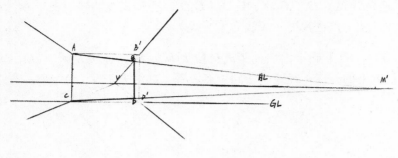

图 2-3-4

2.3.3 求出房间进深

（1）在 GL 上定出房间的实际距离，在视平线的左端定一点 M 作为测量点（定法同一点透视），交与 VC 的延长线（即地线）于 C_1、C_2、C_3、C_4 点（如图 2-3-5）。

（2）求出房间的进深（如图 2-3-6）。

连接 C_1M' 、C_2M' 、C_3M' 、C_4M' 交 VD 延长线于 D_1、D_2、D_3、D_4。

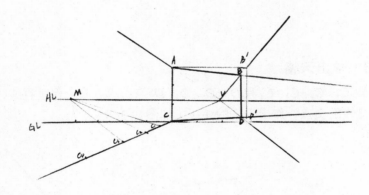

图 2-3-5

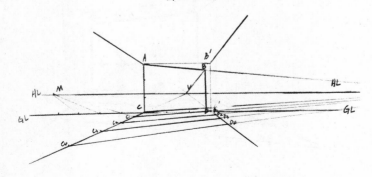

图 2-3-6

2.3.4　求出地格（如图 2-3-7）

（1）连接线段 C_1D_1、C_2D_2、C_3D_3、C_4D_4，这些线段共同消失于 M' 点，为地格的纬线（在一点透视中，纬线为平行线）。

（2）在原 CD 上确定内墙的距离分段为 M_1、M_2，连接 VM_1、VM_2，那么这两条线就是地格的经线（经线画法同一点透视，都消失于 V 点）。

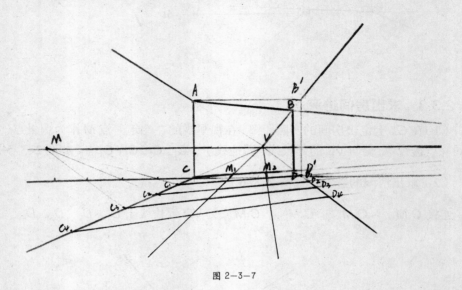

图 2-3-7

2.3.5　求出天格

（1）以 C_1、C_2、C_3、C_4 和 D_1、D_2、D_3、D_4 点为起点向上作垂直线，交与棚线。分别连接棚线的交点，作出天格的纬线（如图 2-3-8）。

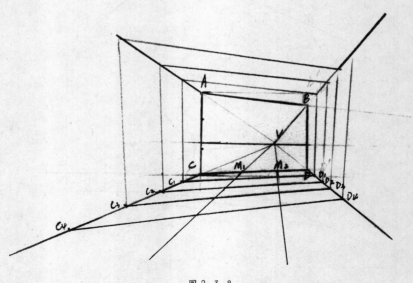

图 2-3-8

（2）M_1、M_2 点向上作垂线，交与 AB'，交点和 V 点相连，作出天格的经线（如图 2-3-9）。

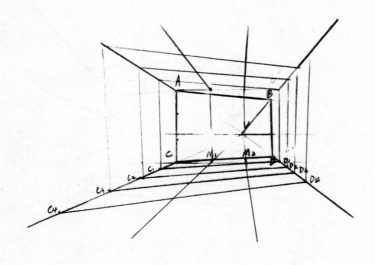

图 2-3-9

2.3.6 求出高度的透视（如图 2-3-10）

（1）内墙 AC 此时是没有任何透视的线段，我们把它叫作真高线。在 AC 上作出内墙的高度分段为 H_1、H_2。H_1 和 H_2 分别和 M' 点相连，交与 BD 于 H_3、H_4。H_3、H_4 点即为线段 BD 的高度分段。

（2）H_1、H_2、H_3、H_4 都消失于 V 点，分别与 V 点相连，那么连接的线段就为空间的高度（代表高度的线段都消失于 V 点）。

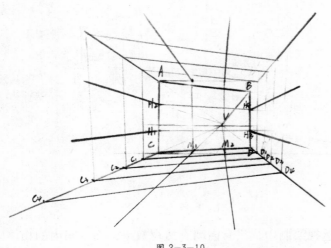

图 2-3-10

2.3.7 一点斜透视完成（如图2-3-11）

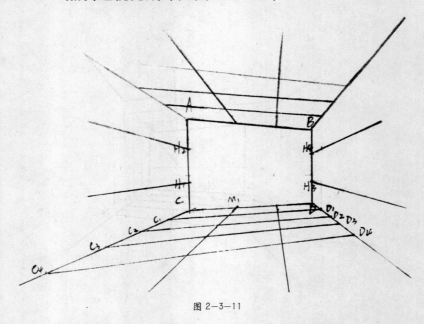

图2-3-11

注：在一点斜透视的绘制学习中，初学者容易出现以下两种情况：

（1）M' 点的位置距离内墙太近，房间的透视变形较大，视觉效果不舒服（如图2-3-12）。遇到这种情况可以人为地调整透视斜度，使人的视觉更加舒适。

图2-3-12

（2）在斜透视绘制中，只有内墙有透视效果，而房间内的物体则是一点透视效果（如图2-3-13）。

图 2-3-13

设计训练:

（1）运用一点斜透视原理绘制标准客房透视图。目的：使学生进一步掌握一点斜透视的基本原理，并在此基础上更加熟练地运用线条，同时进一步对室内设计思维进行初步的训练。规格：*A*3 绘图纸。数量：2 张。

2.4 钢笔画技法

钢笔画，全部或部分用钢笔、墨水绘成的美术作品。一般运用线条绘在纸上。纯钢笔画需要画出一系列紧密并列的影线或交叉平行线，来增强立体感。钢笔画在表现形式上，是用单一颜色来塑造形象，属于素描的一种（如图 2-4-1）。

图 2-4-1

点和线条是钢笔画最为活跃的表现因素，用线条去界定物体的内外轮廓、姿态、体积、运动是最简洁直观的表现形式。钢笔线条以良好的兼容性，无论以单线勾勒，还是以线带面或者线与面的结合均可收到良好的效果，同时线条是钢笔画的艺术灵魂。钢笔画工具简单，有独特优美的表现形式，它可以寥寥数笔表现事物的动态和情景，因此，它常常以速写的形式出现，成为画家和设计师深入生活捕捉精彩瞬间的有效手法。

初学钢笔画时可以从点、线开始练习。大小不同的点的排列、直线到曲线变化的排列组合，都可以形成不同明度的色调。点分为规则形状的点和不规则形状的点。点的表现形式有所局限，可以用来表现细腻光滑的质感，或者在上色调时与线条穿插使用，以丰富画面效果。线是一幅钢笔画的灵魂，钢笔画主要依靠线条的曲直、粗细、刚柔、轻重等变化来组成各种风格的画面（如图 2-4-2、图 2-4-3）。

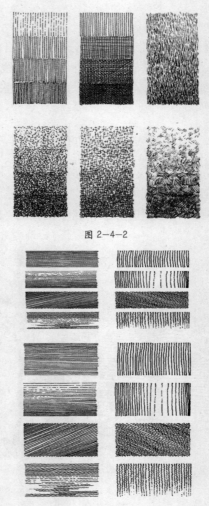

图 2-4-2

图 2-4-3

线的黑白——钢笔画中的两个基本因素，直接影响画面效果。白可以表现浅色，受光面，也可留白表现；黑可以表现暗色物体、背光面、阴影等。黑与白是对应的，正是黑与白的对比决定了钢笔画的魅力，线的形体，线条可以用来表现空间形体、材料的质感、形态特征。线条排列的不同走向、长短、曲直、韵味等，能够形成画面不同的明暗色调，又能形成层次丰富的画面效果。

　　用钢笔作直线条练习是钢笔画的基本功，也是较为传统的钢笔线条训练方式。通过线的组合练习，尝试控制线条的水平性和垂直度，以及线条之间空隙的大小。钢笔线条灰度练习也是画好钢笔画的一个重要环节。依靠线条重叠的疏密变化能产生多层次的灰色调。一些自由线条组合行成的灰色调也能极大地丰富钢笔画效果（如图 2-4-4）。

图 2-4-4

2.4.1　以线条为主的钢笔画的注意点

（1）用线要贯连、整；忌断、忌碎。

（2）用线要中肯、朴实；忌浮、忌滑。

（3）用线要活泼、松灵；忌死、忌板。

（4）用线要有力度、结实；忌轻飘、柔弱。

（5）用线要有变化、刚柔相济，虚实相间。

（6）用线要有节奏、抑扬顿挫、起伏跌宕。

　　当然，画速写时不可能将这诸多原则都顾及到，往往容易顾此失彼，追求结实就容易呆板，追求活泼又容易飘浮，这都是正常的，需多年的练习，方可达到技艺精湛的程度（如图 2-4-5 至图 2-4-8）。

图 2-4-5 索菲亚大教堂　方强华

图 2-4-6 古镇老街　方强华

图 2-4-7　美陂老街　　方强华

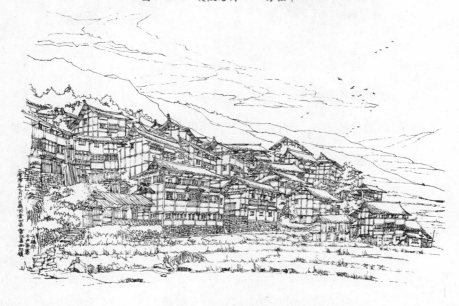

图 2-4-8　千户苗寨　　方强华

2.4.2 以明暗为主的钢笔画

运用明暗调子作为表现手段的速写,适宜于立体地表现光线照射下物象的形体结构。其长处有强烈的明暗对比效果,可以表现非常微妙的空间关系,有较丰富的色调层次变化,有生动的直觉效果,它适于学习油画、版画专业的学生掌握。

作为速写的要求,它要描绘的明暗色调自然要比素描简洁得多,所以明暗的五个调子中,基本只需要其中的明面、暗面和灰面三个主要因素就够了。要注意明暗交界线,并适当减弱中间层次,在以明暗为主的速写中,因为常常省去背景,有些地方仍离不开线的辅助,有些明面的轮廓线大都是用线来提示的。

以明暗为主的速写,除了抓住物象的光影明暗这一因素外,还要注意到物象固有色这一因素,初学者在速写中,应该灵活地运用明暗调子关系和物象的固有色,不要僵死地处理(如图2-4-9)。

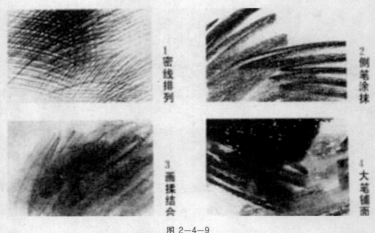

1 密线排列　2 侧笔涂抹　3 两揉结合　4 大笔铺面

图 2-4-9

以明暗为主的速写,有三种比较常用的明暗表现方法:

(1)用密集的线条排列,可以画得准确。

(2)用涂擦块面表现,可以画得生动而鲜明。

(3)用密集的线条和块面相结合表现,能兼顾两者之长。

(4)用毛笔蘸墨汁大面积地涂抹,并可有浓淡深浅变化。

2.4.3 线条与明暗结合的画面

有一种速写,在线的基础上施以简单的明暗块面,以便使形体表现得更为充分,是线条和明暗结合的速写,简称线面结合的速写。它是综合两种方法的优点,又补其二者不足而采用的一种手法,故也是一般速写常用的方法。这种画法的优点是比单用线条或明暗画面更为自由、随意、有变化,适应范围广,线比块面造型具有更大的自由和灵活性。它抓形迅速、明确，而明暗块面又给以补充，赋予画面力量和生气。所以色调和线条的相互配合，此起彼伏地像弦乐二重奏那样默契、和谐，融为一体。

例如，遇到对象有大块明暗色调时，用明暗方法处理，结构、形体的明显之处，则又用线条刻画，有线有面，这种方法画人画景都很适宜。又如，当画一个人时，头部至全身所有的衣纹、轮廓都用各种不同的线条画出，面部明暗交界处及人体各关节部位，又可以用明暗法加以皴擦。再如：当一张画面上有景有人时，也可采用线面结合的方法，后面的景物深的地方，几乎全用明暗法以块面画出，但前面的人物则又以线条表现，以大块的面来衬托出前面的人，景和人的姿态都很突出。

画时要注意以下几点：

（1）用线面结合的方法，要应用得自然，防止线面分家，如先画轮廓，最后不加分析地硬加些明暗，很为生硬。

（2）可适当减弱物体由光而引起的明暗变化，适当强调物体本身的组织结构关系，有重点。

（3）用线条画轮廓，用块面表现结构，注意概括块面明暗，抓住要点施加明暗，切忌不加分析选择地照抄明暗。

（4）注意物象本身的色调对比，有轻有重，有虚有寓，切忌平均，画哪哪实，没重点。

（5）明暗块面和线条的分布，既变化，又统一，具有装饰审美趣味，抽象绘画非常讲究这点，我们的速写也可以从中汲取营养（如图2-4-10）。

图 2-4-10

2.5　水彩画技法

　　水彩画是用水调和透明颜料作画的一种绘画方法，简称水彩，由于色彩透明，一层颜色覆盖另一层可以产生特殊的效果，但调和颜色过多或覆盖过多会使色彩肮脏，水干燥得快，所以水彩画不适宜制作大幅作品，适合制作风景等清新明快的小幅画作。颜色携带方便，也可作为速写搜集素材用。与其他绘画比较起来，水彩画相当注重表现技法（如图 2-5-1、图 2-5-2）。

图 2-5-1　风景水彩

图 2-5-2　室内水彩

　　水彩笔是绘制水彩效果图的基本工具。常用的水彩笔有扁头的水彩笔和毛笔两种，圆笔适合勾绘与描写，平笔适合平涂及画方正的块面、线条，另外还有专门画线条用的线笔及大面积涂刷的排笔。水彩笔的笔毛比较软，以羊毫为主，蓄水量较大。所以具备这种特点的笔均可以用在水彩画上。（如图 2-5-3 至图 2-5-5）

图 2-5-3

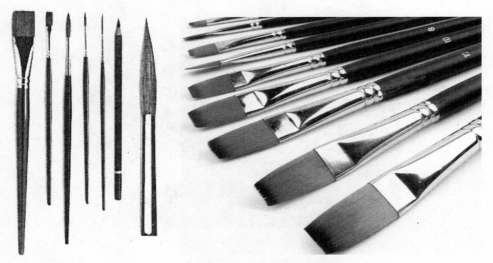

图 2-5-4   图 2-5-5 绘图工具

表现不同物体质感的肌理效果，是水彩画的特殊技法之一，其目的是提高水彩画的表现力。艺术创作所用的材料本身所表现出的优势应被视作获取外观结构和质感的一种方法，然而，质感和画面处理是一幅水彩画的重要组成部分，可以使画面丰富多彩。所以肌理的反复实验是掌握水彩画技能的基本训练方法，利用肌理的可变因素，丰富作品的视觉感染力，又是研究肌理的有效途径。肌理是由颜料或各种相关工具材料通过各种不同的手段而形成的各种不同的画面效果，这种制作方法通常指用笔以外的工具帮助完成的特殊手段。我们将水彩画中形成的各种肌理方法归纳为两类：一种是运用工具在画面上产生的特殊效果，称之为工具肌理；另一种是其他材料与水彩颜料的混合产生的肌理效果，称之为材料肌理。制作肌理的工具都具有不溶于水的特点，可以用来制作比如干枯的树枝、高光的保留等（如图 2-5-6 至图 2-5-11 ）。

图 2—5—6 压印法

图 2—5—7 用刀片或笔杆头刮制法

图 2—5—8 用牙刷、猪鬃刷进行点画、溅泼法

图 2-5-9 撒盐法

图 2-5-10 喷雾法

图 2-5-11 用蜡笔、油画棒、修改液留白法

　　水彩画用纸要讲究一些。一般用专业的水彩纸。这种纸正面纹理较粗，蓄水性强，不耐擦（起稿时最好不用橡皮擦），反面较细，耐擦。专业纸张档次不等，

好一点的要上千元，差不多的也要几百元。这要视经济条件而定。一般选用国产的水彩纸。作练习时可以用具有吸水性质的纸张代替。作画前需要裱纸，否则影响画面效果。

水彩颜料分国产和进口的两种。进口的质量较好。水彩颜料的色彩艳丽，具有透明性，以水调和。水彩的色度与纯度同水的加入量有关，水越多，色度越浅，纯度也越低，明度增高。相反，则色度增强，纯度增强，明度降低（如图 2-5-12 至图 2-5-14）。

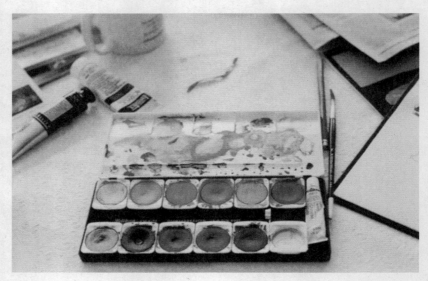

图 2-5-12

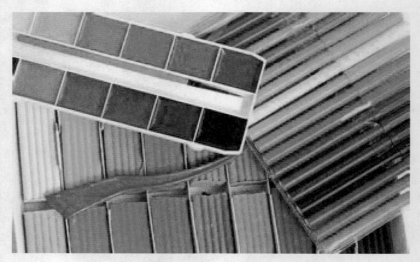

图 2-5-13

图 2—5—14 水彩颜料

2.6 水粉画技法

2.6.1 水粉颜料

水粉颜料也叫广告色或宣传色，含有较多粉质，有较强的覆盖力，干湿、深浅变化较大，在作画时需要加入少量的白色来提高色彩的明度。白色是很重要的调和色，但要合理使用，在刻画暗部时要忌用或少用白色，否则会使画面发灰。

水粉笔大多数是国产的，价格便宜。它的性能介于水彩笔和油画笔之间。油画笔的笔毛是由猪鬃、狼毫制成的，富有弹性，蓄水最少。而水粉笔的笔毛是狼毫和羊毛掺半的，笔锋整齐，用起来是柔中带刚，有弹性，吸水适中（如图2-6-1）。

图 2—6—1 水粉工具

水粉纸比水彩纸薄，纸面略粗，有一定的蓄水性能，吸色稳定，也不宜多用橡皮擦。如橡皮擦多了，会影响颜色的纯度、画面的亮度。

除了以上几个工具外，界尺也是一个很重要的表现工具，大多数的水粉表现技法都要用到它。水粉画借助界尺所表现的颜色滋润柔和、色彩自然、笔触强烈。用界尺也可以画外轮廓，打直线，完善画面效果（如图2-6-2）。

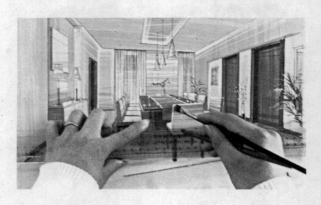

图 2-6-2　界尺的使用

2.6.2　表现技法可分为湿画法和干画法

湿画法：和水彩画极为相似，用水较多、颜色稀薄、有一定的透明度。一般适用于水粉表现的第一遍用色，或者利用薄颜色的半透明性产生叠加效果，用于表现画面的空间关系和物体的转折处。但画时重复次数不宜太多，以免造成色彩较灰、较脏的效果。

干画法：干画法是相对于湿画法来讲的，讲究用笔。笔触强烈肯定，具有调色时用水较少、颜色饱满、色彩覆盖力强的特点。便于深入刻画物体。干画法色彩强烈，富有绘画特征，能形象地描绘物体，表现力强，便于修改，容易掌握，能产生厚重、奔放、细腻等艺术效果。不过由于干画法用水较少，容易使画面色彩呆板。在现代效果图表现中，可以综合运用各种工具和材料，结合水彩、马克笔等现代表现技法，使水粉表现技法更完善表现，效果更丰富（如图2-6-3、图2-6-4）。

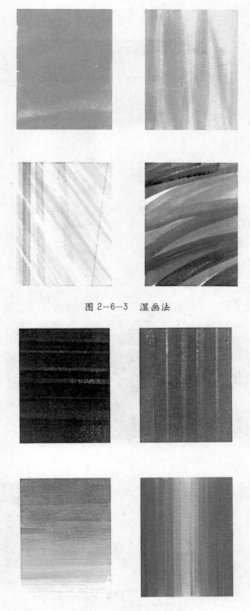

图 2-6-3 湿画法

图 2-6-4 干画法

2.6.3 表现要点

　　水粉色的深浅、干湿变化较大，在表现时用色纯度和饱和度可略高些，这样干后效果正好。对干湿颜色变化的掌握，需要在长期实践中积累经验。在效果图表现中往往是将干湿画法综合运用，如：大面积用湿画法、局部用干画法；远景湿画、近景干画；暗部湿画、亮部干画；先用湿画法、再用干画法，干湿结合。（如图 2-6-5、图 2-6-6）

图 2-6-5 水彩效果图 1   方强华

图 2-6-6 水彩效果图 2   方强华

2.7　马克笔表现技法

2.7.1　表现工具与材料

马克笔是近年来新兴的绘图工具，是颇受设计师欢迎的一种新型快捷表现工具。它着色简便、色彩丰富、表现力强、绘图迅速，可以大大提高工作效率（如图2-7-1）。

图2-7-1　马克笔的种类

首先，我们来了解一下马克笔的特性，马克笔与水粉、水彩等颜料不同，不用费时去准备，打开笔帽即可使用，对于忙碌的设计师来说，这是一种理想的渲染工具。马克笔表现方便快捷、没有裱纸、调和颜料的琐事，并且携带方便，易于保管。马克笔颜色保持不变，具有可预知性，即勾画形体时，如一块草坪或一个家具，可以重复使用这一型号或方法，获得相同的效果。如下次在遇到类似的问题，就可以按部就班，大大加快工作速度了。此外，马克笔也有一定的局限性，即它不如其他水溶性颜料易调和，必须叠加一系列颜色才能模拟真实效果。并且，因酒精溶剂易于挥发，需好好保管，用后须立刻扣好笔帽，不可晾晒。若溶剂干竭，可滴加酒精，但这样会使马克笔降低色彩纯度。

马克笔可分为油性和水性两种。油性马克笔色彩丰富齐全、淡雅细腻、柔和含蓄、鲜亮透明，有如水彩，其溶剂为酒精类溶液，易于挥发，但色彩可重复叠加，保持鲜亮不变。水性马克笔不如油性的鲜亮透明，且不可叠加，若重复使用，色彩会失去原有的亮度。用墨笔勾稿，是因其能够丰富马克笔的效果，且一次性钢笔线条不会被马克笔溶剂所溶解。彩色铅笔是补充马克笔效果的又一工具，一般在绘画的最后阶段，调整色块的颜色与纹理或丰富画面的冷暖色调。

马克笔用纸十分讲究，纸的不同质地决定了不同的绘画效果。纸质较松的画纸会吸收较多的墨水渗到纸背面，使色彩变灰，明度变低。纸质较光滑，不吸水的纸会使墨水浮在纸上容易抹掉，而不易长久保存。做草图练习时可以选取工程复印纸，画正稿最好选用马克笔专用纸或者彩色喷墨打印纸，画平面图的硫酸纸也是理想用纸。

2.7.2 马克笔的特性及技法简述

油性马克笔有四大特点：硬、洇、色彩可预知性、可重复叠色。

（1）硬。不仅是马克笔的尖硬，它的笔触也是硬而肯定的。试观察笔尖，油性马克笔为硬毡头笔尖，并且笔尖为宽扁的斜面。利用这些特点我们可以画出很多不同的效果。如，用斜面上色，可画出较宽的面。用笔尖转动上色，可获得丰富点的效果，用笔根部上色，可获得较细的线条试用笔在纸上随意滑动，你会意外发现马克笔有着千变万化的笔触（如图 2-7-2、图 2-7-3）。

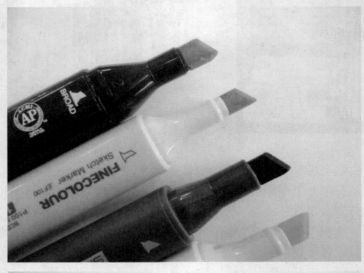

图 2-7-2 马克笔的两种笔头

图 2-7-3 多变的笔触

（2）洇。油性：马克笔的溶剂为酒精类溶液，极易附着在纸面上，若笔在纸面上停留时间稍长，便会洇开一片。并且按笔的力度，会加重阴影的效果和色彩的明度。而加快运笔速度，会得到色彩由深到浅的渐变效果。利用这一特性，我们可以表现物体光影的变化。

（3）色彩可预知性。无论何时使用，马克笔的色泽总会不变，所以当我们通过实验获得较满意的色彩效果时，就可以记下马克笔的型号，以便下次遇到类似问题时使用。

（4）可重复叠色。马克笔虽不能像水彩那样调色，但可在纸上反复叠色，我们可以通过有限的型号色彩的反复叠加来获得较理想的视觉效果。

2.7.3 马克笔手绘常用型号

关于马克笔，市面上有很多品牌和型号，针对初学者，建议选用价位合适，性价比较高的品牌。根据国际上的用色分类，建议购买以下色号（不同品牌的色号可能会不同）（如图 2-7-4、图 2-7-5）。

PB69\PB74\PB62\PB75\BG7\BG3\GG9\GG5\GG3\BG51\G43\BG54\BG68\G56\GY49\GY48\CG5\CG3\CG2\CG1\CG0.5\WG1\WG2\WG4\WG6\YR96\R91\R25\YR103\YR34\YR24\YR21\R1

图 2-7-4　马克笔型号

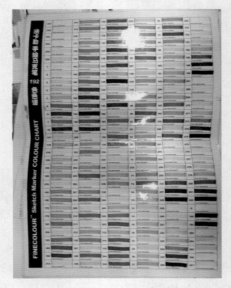

图 2-7-5　色谱

如图2-7-6所示是市面上常见到的一些马克笔种类，在这里给大家介绍一下：

（1）*ZG* 的水性马克笔。特点是笔头坚硬，是笔触表现的好工具。

（2）天鹅的油性马克笔，笔触着纸面面积大，易着大面积区域。笔头质量一般。

（3）天鹅的水性马克提线笔，画速写的好工具。

（4）*ZG* 的油性马克笔，所有的之中最好的，质量、表现都是最佳。

（5）*TOUCH* 的油性马克笔，颜色不错，便宜，性价比是最好的了。

（6）美辉的水性马克笔，最普通的马克笔，初学易上手。

（7）施得楼的一次性针管笔，同类中最好的。

（8）*EDDINGDE* 一次性针管笔，便宜好用。

（9）红环针管笔，最好的。

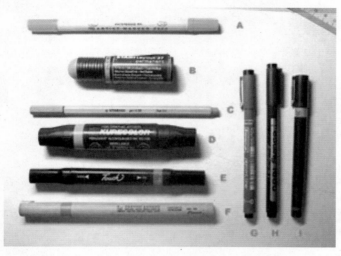

图 2-7-6

2.7.4　室内设计选色原则

　　室内效果图在选色时一定要多买些灰色，主要用于形体大的明暗关系，其他颜色在购买时要注意色感，主要是用于绘制一些家居的装饰画、干支、工艺品等，但颜色不宜过多，否则上色后画面看上去太"跳"（如图 2-7-7 至图 2-7-12）。

图 2-7-7　各种冷暖灰色应多购买一些（用于大面积铺色，表现瓷砖、墙壁等）

图 2-7-8　同明度的红色系主要用于地毯或家具织物

图 2-7-9　木纹色由浅到深可以多买几支（用于表现木地板和木质家具）

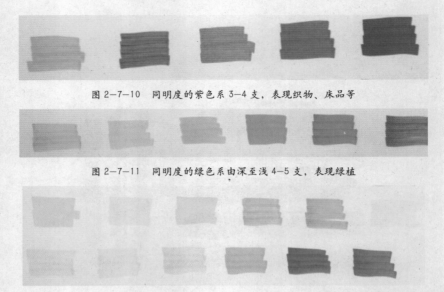

图 2-7-10　同明度的紫色系 3-4 支，表现织物、床品等

图 2-7-11　同明度的绿色系由深至浅 4-5 支，表现绿植

图 2-7-12　同明度黄色系，表现灯光（同明度蓝色系，表现玻璃或天空）

2.7.5　笔触

笔触是马克笔表现的魅力所在，它所表现出的平和、洒脱、狂放、激情的效果往往能与观者产生共鸣。

（1）如何针对物体画笔触：按照物体的形体、结构、块面的转折关系和走向运笔。如图 2-7-13，物体有一个面是凹进去的，而且是带有圆弧状的，应像（a）图中那样运笔，笔触也应该是带有弧度的。图（b）的笔触是错误的，如果这样画，人们不会认为此物体的这个面是弧度的。如图 2-7-14 也是如此，a 立方体的各个面都是直的，就不应该画成（b）那样带有弧度的，否则会对人误导。如图 2-7-15 要表现的是一个球体。我们知道球体是具有明暗交界线的，交界线所呈的形状是像（a）中那样弧形笔触，而非（b）中的直线。（b）中要表现的是一个圆面，而不是一个球体。

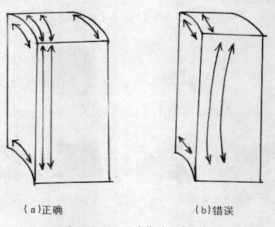

（a）正确　　　　　　　（b）错误

图 2-7-13　立方体的正确画法

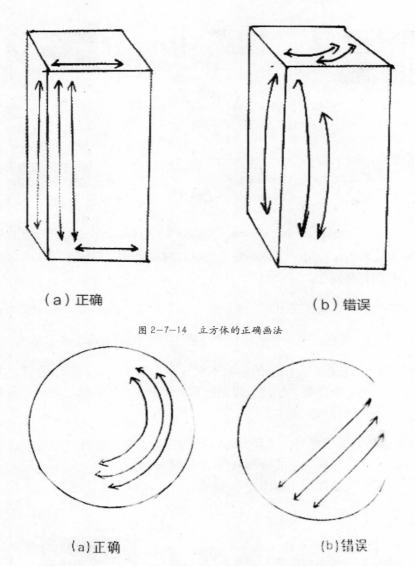

（a）正确　　　　　　　　　　　　　（b）错误

图 2-7-14　立方体的正确画法

（a)正确　　　　　　　　　　　　　(b)错误

图 2-7-15　球体的正确画法

（2）马克笔表现要点：综合应用马克笔能表现出平涂退晕叠加的效果，用马克笔平和快速地运笔，尽量一笔接一笔不重复，可产生平涂的效果。用颜色相近的马克笔来平涂色块，能产生退晕效果，或者用油性马克笔笔尖沾点稀释剂（酒精）快速运笔排线，也能产生由浅到深的退晕效果。靠笔触的停顿衔接、重叠运笔能产生叠加的效果，用不同类色马克笔叠加运笔可以产生丰富多彩的颜色，也可以用来增强物体的色彩关系。

马克笔上色要先画浅色，后画深色，逐步加深画面。用笔要大胆、果断、干净、利索、充满激情（如图 2-7-16、图 2-7-17）。

图 2-7-16　马克笔不同方向的"N"字和"Z"字画法

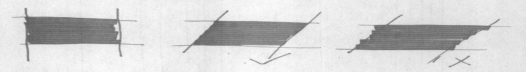

图 2-7-17　根据物体形状适当地把马克笔笔头稍作倾斜绘制

马克笔效果图保存时，注意不要见光或长时间曝晒。要放在暗处或合起来封闭保存，否则容易褪色。

初学者绘制马克笔表现图时，建议参考以下几点方法：

（1）先用冷灰色或暖灰色的马克笔将图中基本的明暗调子画出来。

（2）在运笔过程中，用笔的遍数不宜过多。在第一遍颜色干透后，再进行第二遍上色，而且要准确、快速。否则色彩会渗出而形成混浊之状，而没有了马克笔透明和干净的特点。

（3）用马克笔表现时，笔触大多以排线为主，所以有规律地组织线条的方向和疏密，有利于形成统一的画面风格。可运用排笔、点笔、跳笔、晕化、留白等方法，直需要灵活使用（如图 2-7-18）。

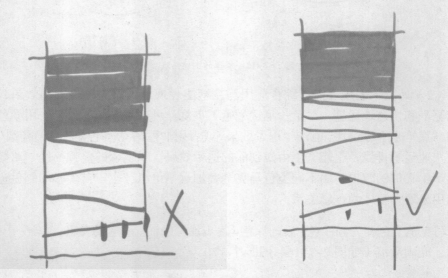

图 2-7-18　用马克笔表现时应注意线的疏密

点笔的运用不宜太雷同，应有变化。

（4）马克笔不具有较强的覆盖性，淡色无法覆盖深色。所以，在给效果图上色的过程中，应该先上浅色而后覆盖较深重的颜色。并且在要注意色彩之间的相互和谐，忌用过于鲜亮的颜色，而应以中性色调为宜（如图 2-7-19）。

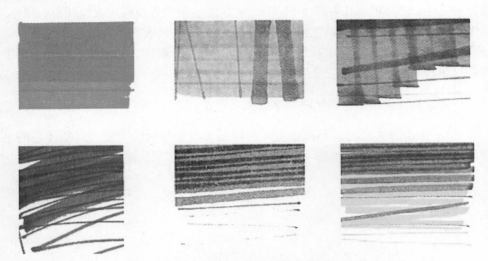

图 2-7-19　色彩叠加时应选用同色系的马克笔

（5）单纯的运用马克笔，难免会留下不足。所以，应与彩铅、水彩等工具结合使用。有时用酒精作再次调和，画面上会出现神奇的效果。

2.8 彩色铅笔表现技法

彩色铅笔也是设计师喜爱的工具之一，主要因为它有方便、简单、易掌握的特点，运用范围广，效果好，是目前较为流行的快速技法之一。尤其在我们这种快速表现中，用简单的几种颜色和轻松、洒脱的线条即可说明室内设计中的用色、氛围及用材。同时，由于彩色铅笔的色彩种类较多，可表现多种颜色和线条，能增强画面的层次和空间。用彩色铅笔在表现一些特殊肌理，如木纹、灯光、倒影和石材肌理时，均有独特的效果。

在我们具体应用彩色铅笔时应掌握如下几点：

（1）在绘制图纸时，可根据实际的情况，改变彩铅的力度，以便使它的色彩明度和纯度发生变化，带出一些渐变的效果，形成多层次的表现（如图 2-8-1）。

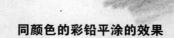

同颜色的彩铅平涂的效果

相同色系两种暖色彩铅的叠加（中黄与桔黄）

彩铅在界定范围内的涂法（不要完全涂满，应有虚实变化）

相同色系两种冷色彩铅的叠加的效果（湖蓝与青绿）

不同色系两种颜色彩铅的叠加的效果（蓝色与紫色）

图 2-8-1　彩铅混合平涂效果

（2）由于彩色铅笔有可覆盖性，所以在控制色调时，可用单色（冷色调一般用蓝颜色，暖色调一般用黄颜色）先笼统地罩一遍，然后逐层上色后向细致刻画。

（3）选用纸张也会影响画面的风格，在较粗糙的纸张上用彩铅会有一种粗旷豪爽的感觉，而用细滑的纸会产生一种细腻柔和之美（如图 2-8-2）。

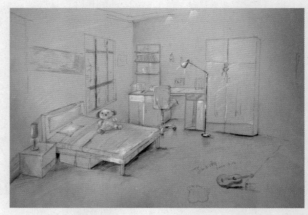

图 2-8-2　用彩铅在带有颜色的卡纸上手绘儿童房（孙占雨）

彩铅主要分为普通铅笔和水溶性铅笔两种，建议购买水溶性彩铅。水溶性彩铅可以做普通彩铅使用，也可以创作出水彩画面的效果，也就是将一幅彩铅稿画得如同水彩画一样华丽精致。水溶性彩铅有三个使用方法：其一，用彩铅绘画完成后，加水便成为水彩画；其二，用彩铅画完后，使用喷雾器喷水；其三，将画纸先涂一层水，然后在上面用彩色铅笔作画。

彩色铅笔最大的优点就是能够像使用普通铅笔一样自如，同时还可以在画面上表现出笔触来。彩铅的购买可不能省钱，一般的国产彩色铅笔有一个致命的缺点，无论如何都不可能削到像封套上画的那样尖，还没等削尖就会听见啪嗒的折断声音。而且国产彩铅的硬度普遍过高，因此色彩也显得很淡，难以深入地描绘。所以建议使用 30 元以上的水溶性彩铅（这还是国产中比较好的品牌的价格，进口的最少也是 50 元），这样的彩铅才是比较好用的。如图 2-8-3 至图 2-8-5 所示为常见的彩铅品牌。

图 2-8-3　德国辉柏嘉

图 2-8-4 马可

图 2-8-5 英国得韵

设计训练：

1. 用钢笔进行线条形体训练

选择一个基本元素符号，运用构成的方法构图，运用钢笔线条的各种排列和重叠方法，表现出不同的明暗层次，产生不同的效果。要求在 *A*4 纸上完成四种以上效果。（如图 2-8-6）

图1

图 2-8-6

2. 用马克笔作造型训练

用钢笔勾画一些几何体，用马克笔分别做单色和复色练习，注意结构关系与运笔方向的结合。要求在 A4 纸上完成（如图 2-8-7、图 2-8-8）。

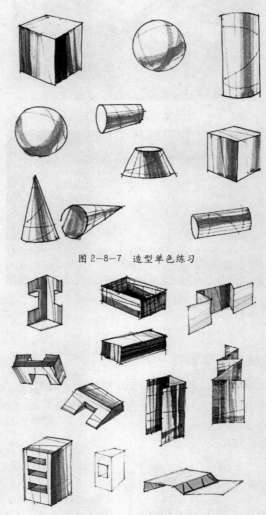

图 2-8-7　造型单色练习

图 2-8-8　造型复色练习

第3章 手绘单体家具技巧

手绘表现图应属于美术范畴的，它有两个方面的问题要解决：1.线条和造型，2.颜色的运用。练习表现图首先要练习画陈设的造型，再次是给它们上颜色，这样比较容易操作、入手，也不会因为画不好而丧失信心。

手绘中线条的运用很有讲究，在练习中对线条首先要有感性的认识，比如：有些线条的本身就很美，或者飘逸，或者硬朗，或者坚挺，或者刚柔相济。有些线条就显得柔弱、不流畅、生涩、呆滞。线条是长期磨练的结果，谈起对线条的理解，对于初学者是有些难度的，如果你练习过中国书法，或者是画过中国画，对以上的感觉一定不难理解。

如图3-1-1、图3-1-2所示，这些单人及多人沙发造型比较简练，均是由简单的立方体演变过来的，在绘制过程中注意用最简单、准确的线条来表现它们。透视的变化和形体的准确是永远要解决的问题，注意它们的组合关系，虽然是单体练习，但表现的时候一定要有场景感，这样才可以进行组合训练。

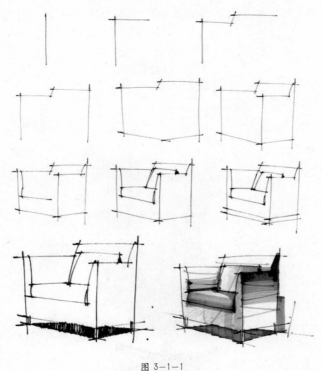

图 3-1-1

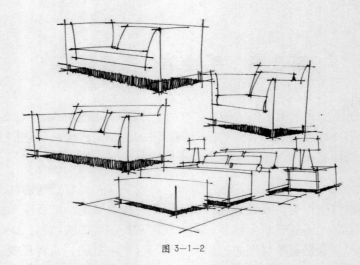

图 3-1-2

　　手绘单体一般用徒手快速表现的方式来绘制，颜色一般使用彩色铅笔和马克笔，不需要其他附加的工具，快捷方便。给"陈设"上颜色，要注意的两点是：

　　（1）不要画过头了和画死板了。这里的图例有一部分是作为单独的训练，所以会稍微画过头了。

　　（2）在下面的图例中，有一部分是从完整的画稿中剪切下来的，主要是为了告诉读者陈设的颜色与空间环境的协调性，不要让"陈设"来唱独角戏。

3.1　座椅类

　　如图 3-1-3 至图 3-1-8。

图 3-1-3

图 3-1-4

图 3-1-5

图 3-1-6

图 3-1-7

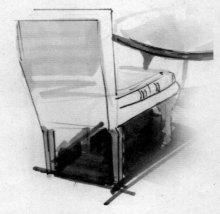

图 3-1-8

3.2 沙发类

沙发在家居客厅空间中占的份额最大，重要的是要选择它们的风格，与装饰环境协调（如图 3-1-9 至图 3-1-12）。

图 3-1-9

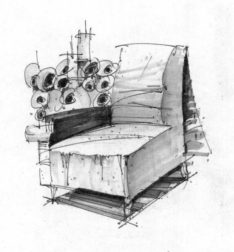

图 3-1-10

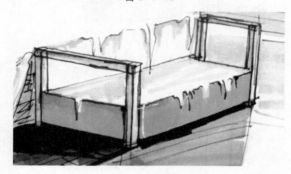

图 3-1-11

图 3-1-12

3.3 绿植类

绿植在家居表现图例里占的份额不大，但角色却很重要，要很好地把握并且简练地来表现它们。绿色植物不仅能调节空气，同时也能美化环境，恰当地布置可以改变空间形态、烘托气氛。在效果图中可起到画龙点睛的作用。

在表现植物或花卉时，首先要表现其外形特征及结构特点，尤其要注意植物的生长规律，枝叶的前后关系和叶面的翻转与透视，枝叶安排要疏密得当、姿态要自然、用笔要流畅（如图 3-1-13 至图 3-1-18）。

图 3—1—13

图 3—1—14

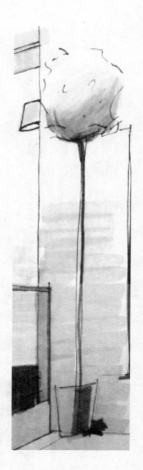

图 3-1-15

图 3-1-16

图 3-1-17

图 3-1-18

3.4　卫浴类

　　五金类材料一般用于室内的装饰挂件和洗浴龙头，体积虽小，但其特殊的光泽和亮度往往能夺人眼目。在表现上也应该对其质感仔细刻画。卫浴材料在卫生间表现中占有相当的比例，其产品种类多样，功能要求也较全面，是室内空间表现不可缺少的一个重要部分。在表现上，要先了解功能结构特色，根据其材质的不同，选择不同的表现方法；在造型上，要求准确，不作夸张表现，以写实表现为主（如图 3-1-19 至图 3-1-21）。

图 3-1-19

图 3-1-20

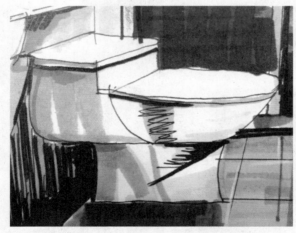

图 3-1-21

3.5 床头柜类

这类家具的造型主要以木质材料为主，它具有纹理细腻、色彩温和、色泽丰富的优点，是建筑装饰设计中经常使用的材料之一（如图 3-1-22 至图 3-1-25）。

图 3-1-22

图 3-1-23

图 3-1-24

图 3-1-25

3.6 灯具表现

灯具的造型及式样，直接影响整个室内设计风格。灯具分地灯、台灯、吊灯、壁灯、暗藏灯等类型，有玻璃、水晶、羊皮、铁艺、藤艺等不同质感的造型。灯具的表现手法不拘一格，但应以写实为主，小型灯具应细致刻画，而对大型吊灯的刻画不宜过细。要根据不同材质选择不同的表现手法（如图 3-1-26 至图 3-1-28）。

图 3-1-26

图 3-1-27

图 3-1-28

3.7 装饰品类

如图 3-1-29 至图 3-1-35。

图 3-1-29

图 3-1-30

图 3-1-31 图 3-1-32

图 3-1-33 图 3-1-34

图 3-1-35

第4章 空间上色技巧

在室内表现中,需要表现的内容和涉及的因素是多样的,它包括平面的布置、空间的处理、界面的细部、材料的选择、色彩的搭配、家具设计和选用、灯具的设计与表现、陈设、绿化、环境、气氛等。这就需要设计师有较全面的建筑知识、深厚的美学修养、扎实的绘画基本功,并还要有敏锐的观察力和较强的表现力。

室内空间表现的方法,可以先从对室内的家具、陈设小品的表现开始着手,熟练地掌握了家具的画法后,再进行空间透视练习,最后进行组合设计表现。由浅入深,由简入繁逐步形成个人的表现风格(如图4-0-1至图4-0-3)。

图 4-0-1

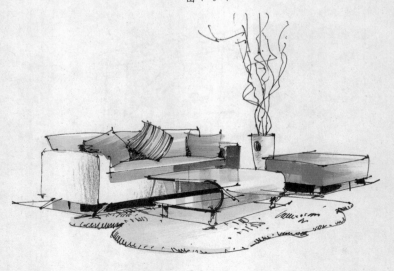

图 4-0-2

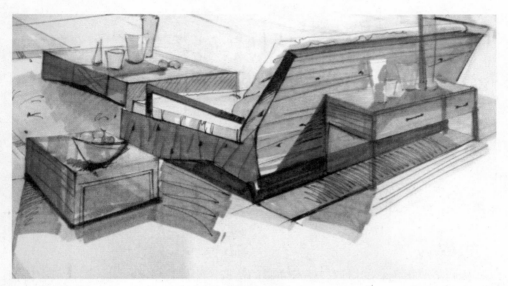

图 4—0—3

4.1 塑造空间的因素

1. 透视

透视是塑造空间最直接的手法。没有透视，物体便无法"凝聚"在一起。塑造空间，透视必须合理。所谓合理，并非准确，这是因为有些时候完全通过透视原理去求物体，获得的效果看上去不一定让人感到舒服。为了达到视觉上的平衡，我们可以把透视进行一定的调整，但这种调整是在一定范围内的，不可破坏整体的透视效果。

2. 光

物体因受光的照射而成影像，所以无光就无"形"，也就更无"空间"。光在空间中是永恒的主题，把握光的存在，强调光的照射或物体的明暗关系都会得到响亮明快的视觉效果。

3. 虚实

物体在空间中会有虚实的变化，有虚实才会有重点，有重点才会有灵魂。所谓"灵魂"，是指画面中孕育出的"力"，是这个"力"抓住人的视觉，给人以震撼。

4. 聚散

聚散是指物体的摆放，也是物体的构图、空间的紧凑感。为了凝聚画面这个"力"，每个物体都要围绕这个"力"来布置，有聚、有散、有动势、有节奏感。聚散是美感的来源，这一点要用心体会。

5. 协调

协调不单指色彩的协调，还有质感的协调、物体比例的协调。画面只有协调得好，彼此间才会有联系，才会让人感觉它们是同一空间的物体（如图4-1-1）。

图 4-1-1

4.2 上色步骤

手绘效果图技法众多，在这里，主要讲一下马克笔绘图的基本步骤。

空间上色比成组物体上色难度更大，增加了地面、墙面、顶棚的处理。学生要注意把握界面之间的关系，它是空间塑造的难点之一。一般来说，效果图线稿，空间的几个界面中，地面最重要，刻画地面时，运用的语言也最多。墙面次之，顶棚最少，以此避免压抑之感。

4.2.1　一点透视客厅上色步骤与讲解（如图4-2-1）

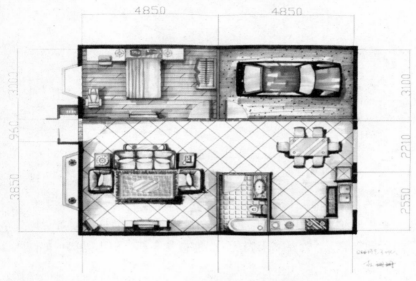

图 4-2-1　起居室平面图

（1）绘制出准确的铅笔透视稿，然后用0.1的一次性或者灌墨水的钢笔勾线，线条轻松，再次定稿时可以加以调整（如图4-2-2）。

图 4-2-2

（2）先用适宜的淡彩或选一种灰色将室内墙体、天棚的色调、单体的光影关系，用退晕渐变的手法表现出来。注意下笔要快，笔触要明显（如图4-2-3）。

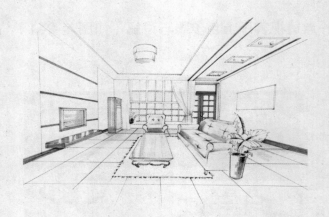

图 4-2-3

（3）进一步深入刻画。用马克笔将室内空间环境关系，家具陈设造型、色调、材料质地、光影明暗等效果巧妙生动地塑造出来。给装饰品上少量鲜艳颜色，以烘托画面热闹的气氛。笔触要富于表现力，色彩要丰富、鲜明、生动（如图 4-2-4）。

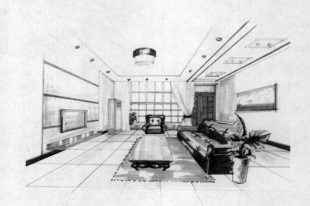

图 4-2-4

（4）继续深入画面，将物体固有色的明暗关系表现出来，下笔要快，加上色彩层次笔触（如图 4-2-5）。

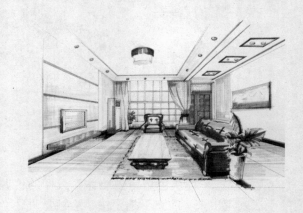

图 4-2-5

（5）对画面整体关系作统一调整，表现出物体的固有色，墙身由内往外虚，地面从外向内深一些，表现出强烈的空间感。局部色彩关系可以用彩色铅笔来加强，以取得画面整体协调的完美效果（如图4-2-6）。

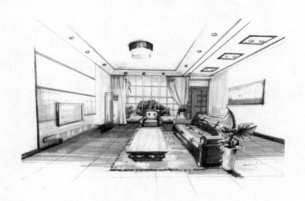

图4-2-6　客厅一点透视效果图　　（工具：马克笔和彩铅；作者：方强华）

4.2.2　两点透视主人房绘制步骤与讲解（如图4-2-7）

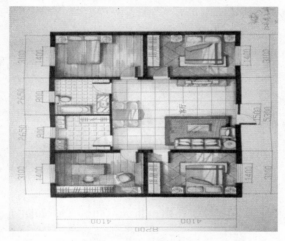

图4-2-7　卧室平面图

（1）线稿，透视准确（如图4-2-8）。

图4-2-8

（2）用灰色系铺空间基本关系，并用固有色将物体的明暗关系表现出来。注意用笔大胆肯定（如图4-2-9）。

图 4-2-9

（3）逐步刻画空间内物体，将物体的明暗关系的层次表现得深入一些。注意色彩变化要丰富（如图4-2-10）。

图 4-2-10

（4）继续深入刻画，由内往外虚，将天空色画上（如图4-2-11）。

图 4-2-11

（5）用彩铅赋予画面层次感，表现出灯光色和物体受光部位，调整好整体画面（如图4-2-12）。

图4-2-12　卧室两点透视效果图　（工具：马克笔和彩铅；作者：方强华）

4.2.3　一点透视餐饮空间绘制步骤与讲解（如图4-2-13）

图4-2-13　餐厅包房平面图

（1）线稿，透视准确（如图4-2-14）。

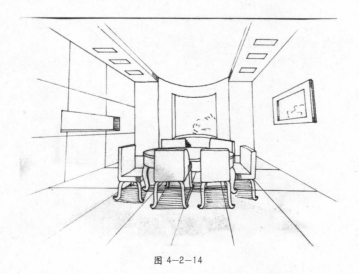

图4-2-14

（2）用固有色将主题物的明暗关系表现出来。注意用笔大胆肯定，笔触明显（如图4-2-15）。

图 4-2-15

（3）用灰色系铺空间基本关系，根据画面效果适当地增添绿植等装饰物，丰富画面（如图4-2-16）。

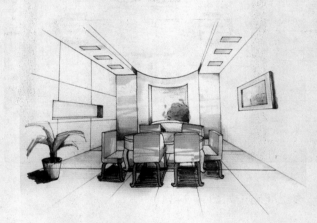

图 4-2-16

（4）用彩铅加强画面的层次感（如图4-2-17）。

图 4-2-17

（5）继续深入画面，加上色彩层次笔触。空间颜色由内往外虚，线条密的暗部为整体画面最重的部分，提高画面的空间感和分量感（如图4-2-18）。

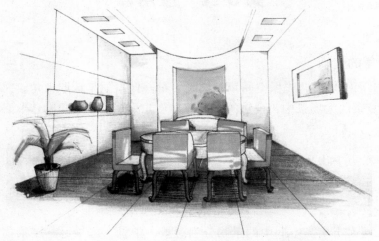

图4-2-18　餐厅一点透视效果图　（工具：马克笔和彩铅；作者：方强华）

第 5 章 应用篇

1.视角的选取

拿到平面图之后，先做空间草图勾画，第一件事就是选取视角，尤其在平面布局特别复杂的大场景中，视角的选取就显得尤为重要，视角的选取必须把握以下几点：

（1）重点突出。"重点"即空间设计的亮点，它是我们所需说明的中心，应在画面的恰当处。一般它的位置在画面中心附近，但是应尽量避免呆板、对称的直视效果。

（2）层次丰富。空间中的景物分为近景、中景、远景，三层景物互相穿插掩映使得画面丰富，有层次感，所以在选取视角时，也要注意在视角范围内的物体是否层次丰富、疏密得当。尽量避免呆板、无味的状态出现。视角的选取决定构图的好坏，而构图的成功与否直接关系到一幅表现图的成败。

2.手绘效果图中常见的误区

（1）纯绘画式画法。

这类的学生多是有较强的美术功底，一时不能从纯绘画的思维方式中跳出来。他们突出的特征是画面中多调子或是过于写实。对于这种表现方式虽不能一概驳斥，但毕竟手绘效果图是以快、简洁、概括为趋势，如果表现得过多或过细都会直接影响表现的速度。所以不应提倡纯绘画式画法。

（2）过于强调笔触，画面略显零乱。

马克笔以明快的笔触为特点，但是笔触的作用是对物体动势的强化，或加强面与面的衔接。好的笔触是融于结构当中的。当观者第一眼看到的是眼花缭乱的笔触，而非空间效果，那么整幅图就失去传达设计理念的意义。

（3）不敢上色，色彩浅薄。

有的人画的色彩特别薄，无重色。这类人的心理多是怕画坏，或不知重色应上在哪里。他们多是对自己的画面没有自信心，而不敢去试探着绘画。其实"敢画"在学习中非常重要。在教学中，老师应鼓励学生像做实验似地试探着用其他的颜色或方式解决问题。在这些大胆的尝试中，学生会得到更多的经验，长此以往，就会形成自己独特的处理技巧。

（4）画面色彩过重、过厚。

这类学生多是有较好的绘画基础，总觉得画面色彩不够，反复上色，导致画面色彩过重。针对这种状况，应引导他们多看一些优秀作品，体会利用留白来体现光的存在，用留白来烘托暗部，以使画面更加明亮。

5.1 室内装饰设计效果图表现应用

1. 彩色平面图（如图5-1-1）

图 5-1-1

2. 起居室手绘效果图

步骤一：选取合适角度，绘制出起居室两点透视线稿（如图5-1-2）。

图 5-1-2

步骤二：采用不同明度、纯度的马克笔逐层着色，进一步肯定形体，拉开图面的明暗层次关系与空间进深关系（如图5-1-3）。

步骤三：继续深入，用彩铅表现层次。处理地面时不宜画满，交代好地面瓷砖反光因素及与环境中其他物体相互影响关系，其他部分则可进行留白处理（如图5-1-4）。

图5-1-3

图5-1-4　（工具：马克笔、彩铅；作者：方强华）

5.2 卧室设计效果图手绘表现

作业名称：卧室空间设计表现

绘制自己家的平面布局图，完成居室彩色平面图和主卧三维效果图的绘制，设计风格不限。用四开纸完成，工具为马克笔、彩铅。效果图要求透视准确、比例正确、色彩协调、舒服、风格统一、符合使用功能。

1.彩色平面图（如图5-2-1）

图 5-2-1

2.卧室两点透视快速表现

步骤一：在设计构思成熟后，确定表现角度、透视关系、空间形体的前后顺序，明确需要表现空间部位的重点（如图5-2-2）。

步骤二：通盘考虑画面整体色调，以暖色调为主，其中点缀少量互补色（如图5-2-3）。

图 5-2-2

图 5-2-3

步骤三：继续通过笔触的虚实、粗细、轻重等变化来表现对象的材质效果。对画面的空间层次、虚实关系进行统一调整（如图 5-2-4）。

图 5-2-4 （工具：马克笔、彩铅；作者：方强华）

5.3 公共空间设计表现

公共空间范围比较广，针对住宅空间而言，主要指酒店大厅、餐饮空间、展厅空间等供人们自由活动的空间。

1. 作业名称：餐饮空间（包间）设计表现

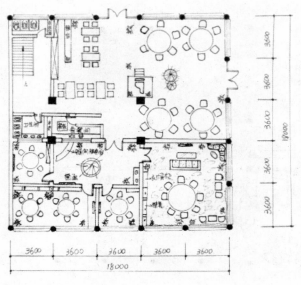

图 5-3-1

作业要求：某酒店占地 300 ㎡ 左右，绘制出平面布局图和任一包厢的手绘效果图，工具不限、角度不限、透视方法不限。

作业目的：通过对餐饮空间的设计表现，了解公共空间与住宅空间的异同，深入掌握公共空间的设计表现方法（如图 5-3-2）。

图 5-3-2　手绘酒店包间一点透视效果图（学生作品）

2. 作业名称：餐饮空间（套间）设计表现

作业要求：某酒店占地 300 ㎡ 左右，绘制出平面布局图和任一包厢的手绘效果图，工具不限、角度不限、透视方法不限。

（1）平面布局图（如图 5-3-3）

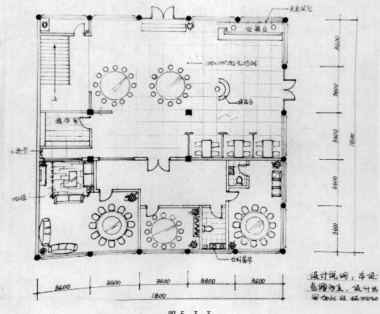

图 5-3-3

（2）手绘包厢效果图（如图 5-3-4）

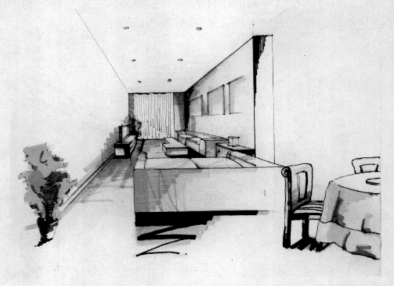

图 5-3-4

第6章　室内空间的表现

6.1　室内效果图表现的概述

室内效果表现在建筑效果表现中占有相当重要的地位，正是因为有了室内空间的组织才创造出建筑内部具体的使用功能，建筑的概念才得以进一步完善。

随着社会的发展和人们生活品质的提高，人们对居住环境有了更高的要求，室内的装饰设计也就显得更为重要了。与其他设计图纸相比，室内效果图表现主要以三维的形式来表达，它经常被作为与业主交流和汇报工作的手段。

在室内表现中，需要表现的内容和涉及的因素是多样的，它包括：平面的布置、空间的处理、界面的细部、材料的选择、色彩的搭配、家具设计和选用、灯具的设计与表现、陈设、绿化、环境气氛等。这就需要设计师有较全面的建筑知识、深厚的美学修养、扎实的绘画基本功，并还要有敏锐的观察力和较强的表现力。

室内空间的表现方法，可以先从对室内的家具、陈设小品的表现着手，熟练地掌握了家具的画法后再进行空间透视练习，最后进行组合设计表现，由浅入深、由简到繁，逐步形成个人的表现风格（如图6-1-1至图6-1-7）。

在室内空间表现中，画面表现的重点在于：

第一，选取最佳角度，反应设计的重点内容和特点。

第二，正确表现空间、界面、家具、陈设之间的尺度比例和色彩关系。

第三，将材料的不同质感及对比效果表现出来。

第四，表现照明、绿化气氛，体现设计风格。

图 6-1-1　室内效果图1

图 6-1-2　室内效果图 2

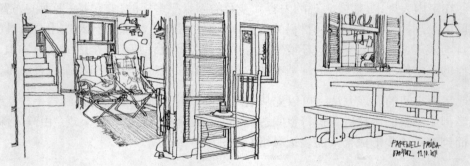

图 6-1-3　室内效果图 3

图 6-1-4　室内效果图 4

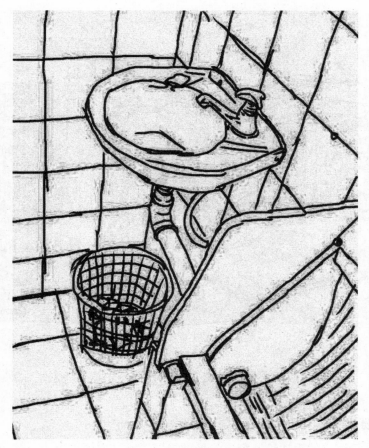

图 6-1-5 室内效果图 5

图 6-1-6 室内效果图 6

图 6-1-7　室内效果图 7

6.2　水粉室内效果图画法的讲解

1. 水粉效果图步骤

使用水粉渲染的手法绘制室内设计效果图，在裱好的图纸上，认真进行渲染制图，应干湿并用。具体方法步骤如下：

步骤一：在裱好的图画纸上，用铅笔按透视规律准确完成透视图。要求透视准确、形体结构表现完整，并画出小色稿。

步骤二：在画好的透视稿上，平涂一层基色。基色根据整体色调选冷色、暖色或中性色，用水粉湿画法平涂，或用水粉先厚涂一层底色，再画轮廓线，要求用笔干净利落，可预留高光、亮处或特殊笔触，以增强画意。

步骤三：用调好的色彩关系画出天棚、墙面、门、窗、家具等形体的色调、明暗关系、退晕效果；先画基层，再画面层，先画次要的，再画主要的；先画远景，再画近景，按物体远近和叠放的关系，从里向外逐步刻画。

步骤四：进一步深入细部刻画关系，并进行对配景、灯具、人物、花草的刻画处理。布局要恰当、光源要统一，要增强光感效果。从整体上作调整，以得到整体协调的画面效果。

2. 水粉画的绘制要求

铺底色时，颜色要调足量，以免不够用，因为中途很难调出相同的颜色。水分要适中，厚薄要均匀，干湿结合，不枯不燥。

整体色彩要协调统一，色彩变化要做到大统一、小变化，切忌花、杂、粉、乱、脏。

整体表现，深入刻画，局部刻画要统一于整体效果之中。

现代水粉渲染，综合运用多种工具手段，要做到扬长避短、相辅相成，以求获得最佳画面效果（如图 6-2-1 至图 6-2-7）。

图 6-2-1　室内效果表现图 1

图 6-2-2　室内效果表现图 2

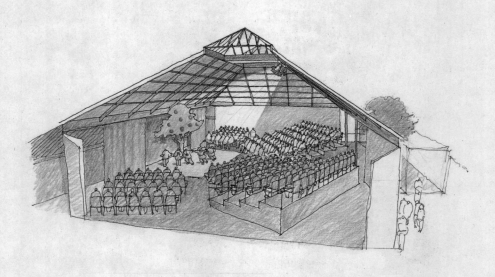

图 6-2-3　室内效果表现图 3

图 6-2-4　室内效果表现图 4

图 6-2-5　室内效果表现图 5

图 6-2-6　室内效果表现图 6

图 6-2-7　室内效果表现图 7

6.3　水彩室内效果图画法的讲解

1. 水彩效果图步骤

目前建筑室内效果图表现中，以水彩表现时，多以钢笔淡彩来完成。它将水彩技法与钢笔技法相结合，综合了各自的优点，面画简洁、明快、生动。

步骤一：起轮廓，做色稿。首先根据建筑空间的平面、立面、剖面图绘制出透视底稿，用铅笔或钢笔拷贝到裱好的水彩纸上。线条要求均匀、流利、粗细分明，上色前可先在透视底稿的复印件上做色稿练习，多画几幅，以确定色彩关系，作为上色时的依据。

步骤二：铺底色，定关系。根据色稿确定画面的整体色调和各个主要部分的底色，注意处理好画面的素描关系和色彩的冷暖关系。可以先用大号笔大面积地涂一层色调（留出某些高光或亮面），待干后再画面积较大的顶棚、墙或地面，这样色调较容易统一。用笔以平涂为主。

步骤三：细刻画、求统一。在上一步的基础上，对画面表现的空间层次、室内家具、质感材料，作进一步细微的描绘。渲染时要求把物体结构及固有色表现清楚，做到心中有数、落笔准确，避免反复涂抹或修改。可以用叠加法，使色彩逐渐加深；但如果叠加层次过多，会使颜色灰暗。另外，如果笔上水分过多，渲染次数多时，会把底色带起或留下水迹。要注意空间层次和整体关系协调。

步骤四：添配景、衬主体。配景为最后的点睛之笔，既要使其为增强画面的效果服务，又要使其与主体融为一个整体，不能喧宾夺主。因此，配景的色彩要简洁，形象要简练。

2. 水彩画的绘制要求

水彩颜料透明度强，色彩艳丽明快，要注意利用透明颜色的重叠变化，但不宜多次重叠，否则易脏、易灰而失去水彩韵律。

水分控制得当，不可有水无彩，或有彩无水，水分过多易出现水迹斑痕，但也可利用其特色做出特殊效果。

要按方法程序画，不可心急，要做到心中有数，下笔有法可依，耐心处理。

要做到画面体面平整、线条生动，色彩协调。色彩要有深浅、冷暖对比（图6-3-1 至图 6-3-9）。

图 6-3-1　室内效果表现 1

图 6-3-2　室内效果表现 2

图 6-3-3　室内效果表现 3

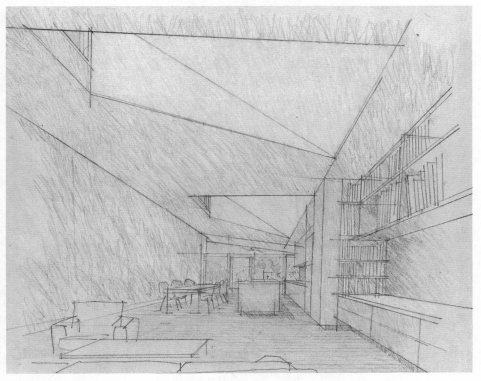

图 6-3-4　室内效果表现 4

图 6-3-5　室内效果表现 5

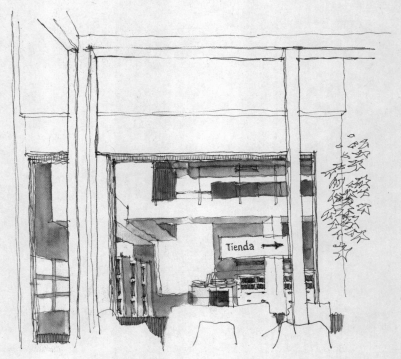

图 6-3-6　室内效果表现 6

图 6-3-7 室内效果表现 7

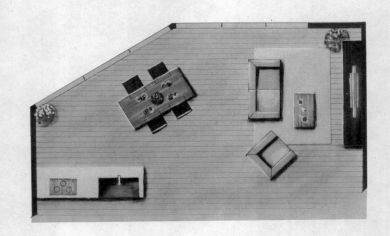

图 6-3-8　室内效果表现 8

图 6-3-9　室内效果表现 9

6.4　马克笔室内效果图画法的讲解

1.马克笔效果图步骤

步骤一：绘制出准确的铅笔透视稿，并可以将其复印多张，作不同的色稿练习。先用适宜的淡彩或选一种灰色将室内墙体，天棚的色调、光影关系，用退晕渐变的手法表现出来。

步骤二：进一步深入刻画，用马克笔将室内空间环境关系，家具陈设造型，色调、材料质地、光影明暗等效果巧妙、生动地塑造出来。笔触要富于表现力，色彩要丰富、鲜明、生动。

步骤三：对画面整体关系作统一调整，局部色彩关系可以用彩色铅笔来加强，以取得画面整体协调的完美效果。

2.马克笔的绘制要求

用钢笔画出室内空间环境的透视轮廓线，或用厚描图纸、复印纸、薄铜板纸，将画稿轮廓线复印出来，也可以将画稿扫描到电脑里，打印到彩喷纸上，即可开始着手绘制。

先画好小色稿，多画几张作为用色参考，构思好整体色彩和各部分色彩的关系。

因水性或油性马克笔均具有易干性，要求用笔准确、快捷。笔触力求简练、概括、准确、适度，色泽丰富、协调、悦目为宜，要适当地留白，以增强画面的对比度。

运用马克笔的同时，常综合运用多种工具如彩色铅笔、彩色水笔、透明色水彩、水粉、针管笔或钢笔，以获得最佳效果。

第 7 章　作品赏析

图 7-1　两点透视卧室空间（临摹）13 环艺专业　杜珊珊

图 7-2　两点透视卧室空间（创作）　方强华

图 7-3 卧室空间绘制 陆建军

图 7-4 餐厅 叶惠明

图 7-5 客厅空间绘制

图 7-6 客厅 辛冬根

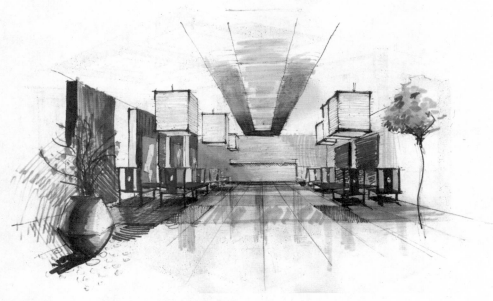

图 7-7　一点透视公共空间（临摹）　13 环艺专业　孙百川

图 7-8　公共空间绘制

图 7-9 餐厅空间绘制　陆建军

图 7-10 餐厅空间绘制

图 7-11 办公室空间绘制

图 7-12 餐饮空间绘制

图 7-13　书房空间绘制

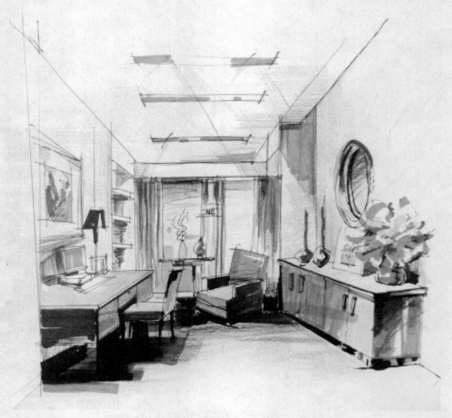

图 7-14　书房空间绘制（临摹）　冷艺丹

图 7—15　方强华

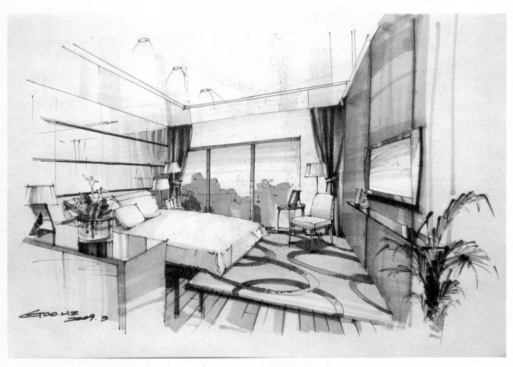

图 7—16　叶惠明

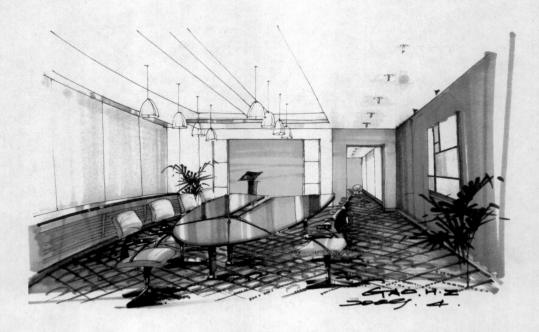

图 7—17　方强华

图 7—18　陆建军

图 7—19　方强华

图 7—20　方强华

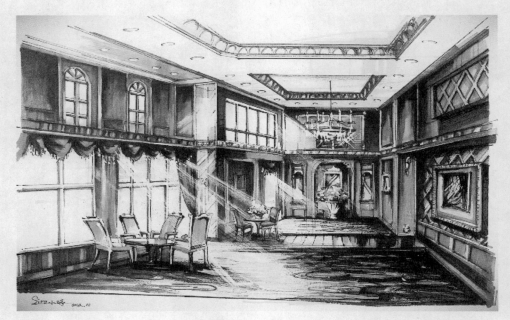

图 7-21 方强华

图 7-22 方强华

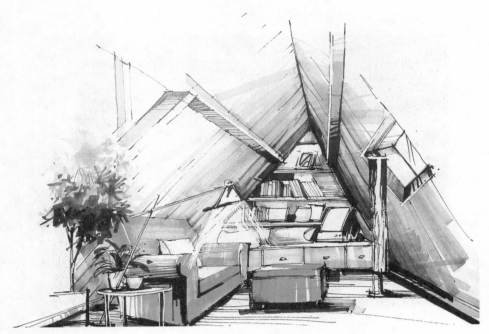

图 7-23 陆建军

图 7-24 方强华

图 7-25　叶惠明

图 7-26　陆建军

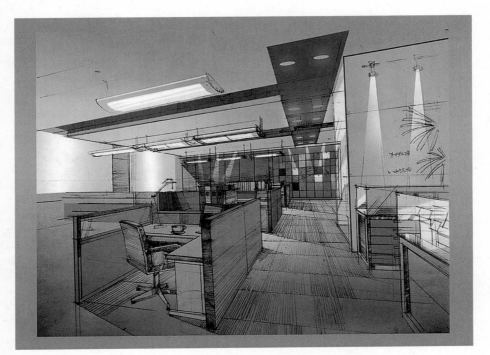

图 7-27 方强华

图 7-28 方强华

图 7-29 方强华

图 7-30 叶惠明

图 7-31　方强华

图 7-32　陆建军

图 7-33 方强华

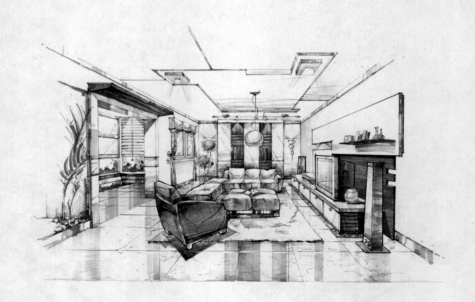

图 7-34 方强华

图 7—35 方强华

图 7—36 叶惠明

图 7-37　陆建军

图 7-38　叶惠明

图 7-39 方强华

图 7-40 方强华

图 7—41　陈红卫

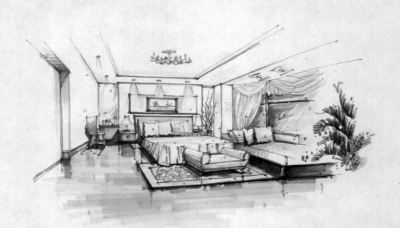

图 7—42　朱亚奇 1

图 7—43　朱亚奇 2

参 考 文 献

[1] 赵国斌，柯美霞，付学丽. 室内设计手绘效果图. 沈阳：辽宁美术出版社，
2007.

[2] 张跃华，方荣绪，李辉，等. 效果图表现技法. 上海：东方出版中心，
2008.

[3] 张恒国. 室内设计手绘效果图. 北京：清华大学出版社，北京大学出版社，
2011.